U0070532

當主管前，先學會這9件事

薛中衡◎編著

企業主管必修的九堂課．快速學會 職場成功優勢力

前言

企業都有一定的存活期，其中的一部分實現了長久發展，成為長壽公司。如Stora公司，迄今已有七百多年的歷史，是一個重要的紙張、紙漿與化學藥品生產廠，而早期只是瑞典中部的一個銅礦採掘廠。再如北京大柵欄同仁堂藥店，經歷了三百三十多年的時代變遷，其「同修仁德、濟世養生」的金字招牌在風雨中得到發揚和光大。

但有更多的企業，其壽命並不如人所願，有的在利潤降低的過程中保持了長壽，有的則在效益遞增中突然夭折，而且夭折率竟會在現實中如此驚人：1970年躋身美國《財富》雜誌全球五百強之列的跨國公司，到1982年有1/3銷聲匿跡了。即使是穩定的大公司，好像也很難維持四十年以上。而四十年這個數字，看起來很小，卻代表了相當多企業的壽命週期。長壽企業前十年的時間是企業的「嬰兒期」，也是「死嬰率」最高的階段。在許多國家，超過40％的新興企業存活不到十年便中途夭折。阿姆斯特丹的斯特拉提克斯集團的愛倫．德．魯吉所做的一項研究顯示，在日本與歐洲，企業的平均壽命只有12.5年。

這些數字發人深省，究竟是什麼因素造成了短壽的企業與長達數百年生命的企業之間的鴻溝呢？全書內容包括如何留住人才，開拓進取、創新圖強的重要性，將簡單的事情做到不簡單，企業理念的建設，小蛇也能吞大象，什麼時候需要變革，如何面對企業危機，時刻都是在刀口下討生活等。這是一部極有震撼力的商管書，它將成為領導人的最愛！

CATALOGUE

第4篇 理念 一項基本建設

CATALOGUE

第7篇 比美元更值錢的

CATALOGUE

第8篇 在繁榮背後

第9篇 時刻都是在刀口下討生活

第1篇

重要的是把人留下

1 欲揚先抑 言傳身教

當一個人在工作上遇到困難的時候，最容易情緒低落，一個優秀的管理者在這時所應做的，不只是單純的鼓勵或訓斥，有時候兩者兼用更能收到神奇的效果。

IBM的創始人湯瑪士．約翰．沃森在年輕時就曾有過這樣的一段經歷，當時誰也不會想到，這位十七歲時就趕著馬車奔馳在紐約州附近的農村推銷貨物、被人看扁的鄉村貨郎，竟然成為IBM這個電腦巨人的奠基人，事實上他的成功是有引路人的。

1895年，只有十七歲的湯瑪士．約翰．沃森初次到美國全國收銀機公司做促銷，在兩個星期試用期內，雖然他很努力，但還是一臺出納機也沒賣出去。沮喪的他來到上司約翰．蘭奇的辦公室，希望這個前輩能夠給予指教。沒想到的是這位前輩竟然破口大罵，讓當時的他無地自容，不過他沒有因為被數落而不滿，只是默默地站在那裡……最後，約翰．蘭奇沒有再發脾氣而是和藹地和這個年輕人一起分析原因，並親身帶領年輕人一起實習，讓年輕人重新樹立了希望。過後年輕人才知道，約翰．蘭奇那天對他的粗暴，一不是真的看不起他，二不是跟老婆吵架了拿他出氣，而是對推銷員的一種訓練方式，他先是將人的顏面徹底撕碎，然後告訴你應該怎樣去做，以此來激發人的熱忱和決心，調動人的全部潛能和智慧。對新員工培訓的方法很多，但事實讓我們不能不承認，約翰・蘭奇技高一籌，不但是他的激將法，還在於他肯放下書本，與年輕人一同上路，在實踐中進行身教。

這個年輕人從約翰・蘭奇那裡，學到了這種容忍的精神和積極的處世原則，在他以後的人生裡受益匪淺。1913年，他被人誣陷，被公司老闆冷落了好幾個月，最後被開除。那一年他已經三十九歲了。但他決定東山再起，沒用多長時間，他負責經營一家只有十三個人組成

的計算製表記錄公司，但經營並不順利，幾年後，公司幾乎要破產，是靠著大量借貸才熬過了1921年的經濟衰退期。到1924年，他實際經營的公司仍然到處是叼著雪茄的傢伙，賣的是咖啡研磨機和屠夫用的磅秤。但已經不再年輕的他依然決定將公司更名，他希望公司提高眼界，更上一層樓，成為真正具有全球地位的大公司。憑著這種精神和意志，他最終取得了成功。

約翰·蘭奇對二十一歲的湯瑪士·約翰·沃森先斥責後提攜的訓練，影響了他的一生和他的企業。日後，他成為了一個偉大的推銷員，並使得IBM成為一個具有非凡推銷能力的企業。美國一家雜誌說：「在企業歷史上，IBM公司採取的推銷活動，其影響之大是空前的。」長期以來，大多數公司都看到了對新員工進行最基本的心理和技能的訓練的重要性。湯瑪士·約翰·沃森的親身經歷，讓我們知道了「欲揚先抑，言傳身教」這種方法所收到的神奇效果。

2 任人唯賢 兼聽則明

在公司做事，處理同事間關係非常重要，當你和群體在一起工作和生活的時候，總免不了地會有意見衝突，還會有憤怒和挫傷，此時對一個管理者來說，就要用長遠的眼光，對和自己有過衝突的人公平對待，真正做到任人唯賢。

IBM第二任總裁湯瑪士．沃森的兒子小沃森，就真正做到了這一點。在小沃森做IBM總裁初期，與當時的第二把交椅柯克是死對頭，當時在柯克手下有一批很有才能的人，這些人在他和小沃森的爭鬥中起了很大的作用，非常令小沃森頭疼，其中伯肯斯托克即是其中一員。後來柯克去世，他在公司的勢力隨之瓦解，伯肯斯托克心想：柯克一死，小沃森肯定不會饒過他，與其被人趕走，不如主動辭職來得痛快。他直接走進小沃森的辦公室，毫無顧忌地嚷道：「我沒有什麼盼頭了，銷售總經理的工作丟了，現在做著沒人要做的閒差。」他知道小沃森與他的父親一樣，脾氣暴躁，也很要面子，假若哪位員工敢當面向他們發火，其結果就不言而喻了。但奇怪的是，小沃森非但沒有生氣，反而還極力挽留。伯肯斯托克非常感動，不但留了下來，還比以前更用心的為公司辦事。

事實證明，留下伯肯斯托克是正確的。伯肯斯托克是個不可多得的人才，甚至比剛去世的柯克還精明能幹。在促使IBM從事電腦生產方面，伯肯斯托克的貢獻最大。當小沃森極力勸說老沃森及IBM其他高級負責人，趕快投入itSg機行業時，公司總部裡支持者相當少，而伯肯斯托克全力支持他。伯肯斯托克對小沃森說：「打孔機註定要被淘汰，假設我們不覺醒，盡快研製電子電腦，IBM就要滅亡。」小沃森相信他說的話是對的。就這樣小沃森聯合了伯肯斯托克力量，為IBM立下汗馬功勞。以致於後來小沃森在他的回憶中寫下了這樣一句話：「在柯克死後挽留伯肯斯托克，是我有史以來所採取的最出色的行動之一。」除了伯肯斯托克，小沃森後來還提拔了一批他並不喜歡，但卻有真才實學的人，而這些人在以後的工作中，都有不俗的表現，事實證明小沃森的做法非常正確，IBM公司在他領導下的巨大發展即充分證明了這一點。所以要做事，首先能容人。正所謂海納百川乃大。

另外，在企業裡，還必須讓員工說話，不論他們說得正確與否。員工沒有發言權，就談不上對人的尊重，更談不上信任。說話是一種意願的表達，是人的基本需求。這個需求無法得到滿足，就不能產生「供給」。在一個企業裡，員工的意見、批評、觀點，乃至牢騷，如果沒有一個「輸出」平臺，等於說，員工上班可以把腦袋放在門外，把兩隻手帶進來就可以了。這樣，問題看似簡單了，但沒有思想的雙手，究竟能有什麼發明創造？有什麼熱情洋溢？解放員工的思想，就必須從讓員工勇於發表自己看法開始。小沃森在回憶錄中寫道：「我總是毫不猶豫地提拔我不喜歡的人。那種討人喜歡的助手，喜歡與你一起外出釣魚的老好人，則是管理中的陷阱。我總是尋找精明能幹、愛挑毛病、語言尖刻、幾乎令人生厭的人，他們能對你推心置腹。如果你能把這些人安排在你周圍工作，耐心聽取他們的意見，那麼，你能取得的成就將是無限的。」所謂兼聽則明，一個好的管理者只有好的、壞的都認真聽取綜合比較，才能最終得出正確的結論。

在現代的一些企業裡，一些管理者自認為高高在上，員工不敢和上司理論，其實最後悲哀的是企業，只有一個腔調的企業最終只有一條路可走——下坡路。

對下屬來說，一個管理者是否相貌堂堂，穿著入時並不重要，他們更想知道的是：上司瞭解他們的能力、他們對於組織的重要和價值。一個好的管理者會保證使自己的下屬確實認識到自身的價值，在其家人或其家屬生病時，表示同情；關心他們的難題；向他們說明情況。「你真的找到最好的醫生了？如果有問題，我可以向你推薦這裡看這種病的醫生。」問候很簡單，但效果卻不可小視。

摩托羅拉總裁保羅．嘉爾文，就非常注意時時刻刻對員工們表達他的關懷和愛護。在經濟不景氣的年代，工人們最怕失業。為了保住飯碗，他們最怕生病，尤其怕被老闆知道，生病後影響了工作效率，很容易會被辭退的。但嘉爾文卻不一樣，有次一位採購員患了非常嚴重的胃病，不得已只能放下緊急的工作，在嘉爾文知道後，他沒有一絲的不滿而是主動問候，並立即讓他放下所有工作，專心看病，在住院期間還替他支付了所有的醫療費用。這位採購員回來後，知道了實情，非常感激，因而更加勤奮工作。我們知道在那個經濟不景氣的時代裡很多公司由於人心渙散，經營緊張導致破產，而摩托羅拉卻順利度過了那個階段，在其後短短幾年內快速發展，統領全球市場，誰能說這與嘉爾文時時刻刻體貼下屬無關呢？

告訴大家吧！那個採購員的手術費用是兩百美元，這對當時的很多老闆來說，都是個小數目。但嘉爾文在當時的情況下這麼做就不單單代表金錢的含意，兩百美元在這裡代表的價值是對人的關懷和尊重，體現了摩托羅拉掌門人的人格魅力和他的人本管理思想。企業文化的力量往往從看似非常小的地方展示出了它的巨大能量。這位採購員的病好了之後，在以後的日子裡他還會經由自己的實際行動來回報上司，更多的去幫助別人。摩托羅拉公司的這種互助互敬精神，就是這樣傳承下來的。企業文化的傳播，許多時候不在於硬性灌輸。怎麼去教導他們呢？嘉爾文的行動就是答案。

4 集思廣益 循循善誘

大家都知道只有一個腔調說話的企業是沒有發展前途的，中國古時即有「三個臭皮匠勝過一個諸葛亮」之說，說的是眾人力量的偉大。這種方法尤其適用於管理，大量的事實證明，在企業裡只有集思廣益才能找到更好的發展前途。

美國在經濟不景氣的年代裡，很多企業陷入困境，一家平凡的牙膏廠卻在這樣困難的條件下，屢創佳績，銷售量不降反升，一時在商界成為奇蹟。你知道這樣的奇蹟是怎麼創造的嗎？在經濟危機初期，這家牙膏廠也遇到了相同的問題，銷售量直線下降，高層領導用盡了各種方法依然無力回天。總裁非常生氣，最後他抱著試試看的心態，將目光轉到那些一般的工人身上，開始在全公司範圍內徵集意見。出乎意料的是，佈告公布一天後即有一個工人來敲了總裁的大門，把自己的一些想法告訴了總裁，而正是他的這些想法讓公司起死回生。其實他的建議很簡單，只有一句話：「將現有的牙膏口擴大1公釐。」可是大家可以想一想，如果每天早上每個消費者多用1公釐的牙膏，每天的牙膏消費量會有多少倍的增加。在總裁採納了這個建議後，當年就使公司的營業額增加了32％。但不管怎麼樣，一個人的力量始終是有限的，一個再好的管理者也不可能面面俱到，多聽聽下層的聲音不就是一種很好的解決辦法嗎？

無獨有偶，日本東京有一家獅子公司，經營清潔、化妝品等生活用品，到1993年，其銷售額已達28.9億美元，利潤四千萬美元，擁有資產25.5億美元，員工逾五千人，排名全球最大五百家工業企業第483位。很多人問獅子公司在經營上有什麼訣竅？這與重視員工的意見密不可分。在這個公司裡，有一個工人很喜歡動腦筋，他到公司上班後不久就發現早上為了趕時間刷牙很快，可是每次刷完牙之後，牙齦就出血，他認真觀察發現很多工人都會出現相同的問題。他後來認真思考，覺得問題出在牙刷上，於是找來放大鏡，仔細觀察牙刷的毛，發現牙刷毛頂端是四方的，很不圓滑，而有的就像刺一樣，非常粗糙，稍微用力就會造成牙齦出血，他立即向主管建議：公司應該把牙刷毛頂端改成圓形。就是這樣一個小小的建議，讓獅子牙刷很快佔據了日本40％的市場，在國外也大受歡迎。像這樣的例子還有很多很多。

5 獎勵分明 善用激勵

人有一系列基本需要，心理學上期望理論認為，人之所以努力工作是因為他覺得這種工作可以達到某種結果，而這種結果對他有足夠的價值，換言之，人們是否努力工作，一是要看自己的努力是否能導致良好的業績和評價；二是要看良好的工作績效能否帶來企業的獎勵，如獎金、加薪或提升；三是看企業的獎勵是否符合個人的需要。做為一個好的管理者，必須瞭解員工的想法，發揮他們的特長並適時獎勵，才能激勵他們發揮最大的作用。

我們都知道二十一世紀最重視的是人才，可是人才市場化的流通機制也讓管理者必須將如何留住人才提上了日程，在這個方面適合的獎勵機制非常重要。首先對於好的、合理的建議，提出者必須給予獎勵；其次獎勵還要即時，否則會產生「滿足不滿意」；再次在獎勵的時候，不要搞什麼「吊胃口」，因為大家主要不是為了幾個銀子，而是尋求一種心理的滿足，就像年三十的餃子不給吃，到中秋才端上來，就沒那個味了；最後管理者應抓住先機，否則被動處理就達不到預期的效果。

傑克是世界上著名的電力工業公司通用電氣公司（GE）的一名工程師，他在GE工作了一年，年薪是10,500美元，在這一年中他克服了多項難關，為公司幾個大專案的順利實施立下了汗馬功勞。一年後他的第一位老闆給他加了一千美元的工資做為嘉獎。傑克感覺非常良好，在事業上雄心勃勃，可是不久之後他發現他跟他們辦公室中其他表現不太好的人薪水是完全一樣的。他感到非常生氣，他認為自己應該得到比「標準」加薪更多的東西。他去和老闆談了談，但是討論沒有任何結果。就這樣，傑克工作的積極性大受打擊。想起當初GE招募他的時候，給他的感覺是到處鋪滿了紅色的地毯，有無限的希望，並認為他正是公司開發新型PPO的最為合適的人選，可是現在傑克眼前看不見紅地毯了。他萌生了換工作的想法，並順利找到了一家。等到他要離開的時候，他的上司才感覺到了事情的嚴重性，「不行，我得想盡辦法把他留住。」這位年輕的上司當晚就邀請傑克夫婦共進晚餐，苦口婆心地勸他一定得留下，並承諾了各種優惠的政策，傑克最終留在了公司，十二年後他成為GE公司最高負責人（首席執行長）。其實傑克的上司一開始就非常欣賞他的才幹，只是忽略了獎勵對一個人的巨大影響，才差點鑄成大錯。好在那個年輕的經理能即時補救，正是他的挽留讓公司有了一個偉大的首席執行長、一個偉大的企業家。

日本一家公司在戰後迅速發展，且人心極其穩定，在此公司工作的人從沒有出現過自己跳槽的情況，讓其對手公司大為頭痛。經過調查，他們發現這家公司董事長是一個非常善於運用激勵的人，他的一些出人意料的獎勵常常能讓員工心花怒放。有一次，總務部的一個辦事人員，不小心把一個寫錯了價格和數量的商品郵件寄出，這個董事長知道後，馬上命令另一個員工將它取回。這個員工很不滿意，便小聲地發著牢騷：「我怎麼知道他投在哪一個郵筒？叫我做這個事，沒有道理！」但董事長非常堅持，他也只好去了，那個員工立刻前往船場郵局，費了許多唇舌，最後，總算把郵件拿回放在董事長的面前。「辛苦了！」董事長露出欣喜的微笑，接著就拿出一份相當講究的禮物獎賞給了那個員工。在這樣的情況下，那個員工陰翳的心情立即一掃而光，哪還有不滿的情緒。所以，獎勵一定要即時。就是這個董事長只要一有機會就犒賞員工，方式也很特別，他總是把員工一個個叫到董事長辦公室發獎金，而且常常在員工答禮後，正要退出時，他叫道：「稍等一下，這是給你母親的禮物。」待他再要退出去時，又說：「這是給你太太的禮物。」得到了這些禮物，員工心裡非常高興，鞠躬致謝，正要退出辦公室時，可能又聽到董事長大喊：「我忘了，還有一份給你小孩的禮物。」這個董事長真的那麼迷糊嗎？當然不是，獎勵當然可以一次都發完而且省事，但效果就大不一樣。

獎勵期望值不能太高。高了開始感到高不可及，真的達到了，以後的欲望更加高。而如果一時達不到情緒就容易低落，不利於以後的工作。降低期望值，稍有成績，即時鼓勵，「細水慢流」，使得激勵不斷，就容易調動人的積極性。像上面提到的那個董事長，他把一次小小的激勵也要分成若干份，使得激勵內容豐富，形式也活潑。每一次激勵之後，都讓人又有所期待，效果非常好。哪怕某一次獎勵得少了，員工們心裡也會這樣想：好好幹，等著吧！好事還會有的。激勵是一門學問，不同的人有不同的期待。對於一般員工，這一套類似叫「小恩小惠」的就可以，對於卓越人才，自然不同，他要的可能就是一套舒適的住房，一把車鑰匙，一個非常誘人的股票期權了。這些都有待我們在日常的工作中慢慢累積。

6 建立自信 輕鬆鼓勵

人們往往有種規避心理，當他們犯了錯的時候，常常因不敢面對接下來的懲罰而拒絕承擔錯誤。這時，做為管理者在事故發生之後，要先查明原因，想辦法彌補損失，而不是對犯錯誤的人無休止的責罰。因為那時的人們需要的是重新開始新生活的信心。

1963年春天，在GE公司，一個二十八歲的員工經歷了人一生中最為恐怖的事件之一——爆炸。當時，他正坐在辦公室裡，街對面正好是實驗工廠。突然發生了巨大的爆炸，爆炸產生的氣流掀開了樓房的屋頂，震碎了頂層所有的玻璃。他飛奔出辦公室，向出事的辦公樓跑去，心中忐忑不安，因為這項工作正是他負責的。到了現場，他發現屋瓦和玻璃碎片七零八落，濃煙和塵土瀰漫在整個樓房的上空，一大塊屋頂和天花板掉到了地板上，爆炸帶來的災難比他預想的更糟。當時，人們正在進行化學實驗。在一個大水槽裡，他們將氧氣灌入一種高揮發性的溶劑中，這時一個無法解釋的火花引發了這次爆炸。非常幸運的是，安全措施起到了一定的保護作用，爆炸產生的衝擊波直接沖向了天花板。做為負責人，他顯然有嚴重的過失。他的自信心大受打擊，第二天，他又驅車到一百英里外的總部，向集團公司的一位執行長解釋這場事故的起因。他做好了最壞的準備，他知道他可以解釋為什麼會發生這次爆炸，並提出一些解決這個問題的建議。但是由於緊張、失魂落魄，他的自信心就像那爆炸的樓房一樣開始動搖。他第一次走進董事長的辦公室，滿腦空白，做好了挨罵的準備，但這位執行長並沒有破口大罵，反而循循善誘，很快地就使面前的年輕人平靜了下來。年輕人恢復了平常心後，和上司一起討論了事件發生的起因及補救措施，一段時間後這個專案繼續實施並取得了應有的成果。事後那個執行長說：事件既然已經發生，我們關注的只能是未來，當時他對那個負責人只提了兩個問題：「不用解釋，我所關注的是你能從這次爆炸中學到了什麼東西。而你是否能夠修改反應器的程式？」另一個是「你們是否應該繼續進行這個專案？」就這樣，把一個年輕人的注意力從自責轉移到了思考未來的發展上。

7 平易近人 接近群眾

企業必須讓員工有安全感。為了說明這個問題我們先講一下亞伯拉罕．馬斯洛（1908~1970），他是一位有名的心理學家，發表了許多心理學方面的文章，他在管理學上的主要貢獻，是進一步發展了亨利．默里在1938年把人的需要分為二十種的分析研究，提出了人類的基本需要等級論。1943年出版的《人類的動機理論》是他在這方面的代表作。在這本書裡，他把人的各種需要歸納為五大類，這五大類需要是互相作用的，按其重要性和發生的先後次序進行的：

第一級：生理上的需要。包括維持生活和繁衍後代所必須的各種物質上的需要，如衣、食、住、行、性慾等。這些是人類最基本的，因而也是推動力最強大的需要。在這一級需要沒有得到滿足前，下面提到的各級更高的需要就不會發揮作用。

第二級：安全上的需要。這是有關免除危險和威脅的各種需要，如防止工安事故和有傷害的威脅，資方的無理解雇，生病或養老、儲蓄和各種形式的保險，都是這一級所要考慮的。

第三級：感情和歸屬上的需要。包括和家屬、朋友、同事、上司等保持良好的關係，給予別人並從別人那裡得到友愛和幫助，自己有所歸屬，即成為某個集體公認的成員等。這類需要比上兩類需要更精緻，更難捉摸，但對大多數人來講是很強烈的一類需要，如果得不到滿足，就會導致精神不健康。

第四級：地位或受人尊敬的需要。包括自尊心、自信心、能力、知識、成就和名譽地位的需要。這類需要很少能得到滿足，因為它是無止境的。

第五級：自我實現的需要。這是最高一級的需要，指一個人需要做他最適宜做的工作，發揮他最大的潛力，實現理想，並能不斷地自我創造和發展。一個自我實現的人有以下的特點：（1）自動；（2）思想集中於問題；（3）超然；（4）自制；（5）不死板；（6）和別人打成一片；（7）具有非惡意的幽默感；（8）有創造性；（9）現實主義；（10）無偏見；（11）不盲從；（12）和少數人關係親密等。

以上五類的需要，一般來說等級越低越容易得到滿足，等級越高得到滿足的比例就越小。在現代社會中，第一級需要得到滿足的機率為85％，第二級需要得到滿足的機率為70％，第三級需要得到滿足的機率為50％，第四級需要得到滿足的機率為40％，最高一級得到滿足的機率為10％。這些需要的層次並不都是一定按這個順序，因為有時候人的需要是模糊不清的，對某種需要表現的強度也不一樣。每個人都有不同的性格，這種劃分只是提供了一個大概的需要層次，在實踐過程中需要管理人員依具體的人員情況進行不同的分析和對待。但我們稍加分析就可以得出這樣的結論：如果企業不考慮員工的「安全需要」，讓員工每天上班像走鋼絲似的，實際上，是企業在走鋼絲。

美國福特汽車公司是世界上最早、最大的汽車公司之一，他的總部是一幢漂亮的大樓，許多人稱其為「玻璃大樓」，甚至有人直接稱這個玻璃大樓為「天堂」，可是有一段時間工作在「天堂」裡的人有了煩惱，那是因為總裁亨利・福特。我們先來看一下他的管理哲學吧！亨利認為：「假如一個人為你工作，就不要讓他太舒適。不要讓他舒舒服服地按他自己的習慣行事。你做的永遠要和他所預期的相反，要使你手下的人處於提心吊膽的狀態。」在這樣的思想領導下，公司裡人人自危，亨利掌握公司裡每一個人的生殺大權，依照自己的喜好去判定自己的員工，他會因為一個人衣著光鮮而格外器重，也可能因為一時的生氣隨意決定別人的生死，他常常不經過公正地聽取別人的意見，就使一個在福特汽車公司有發展前途的員工完蛋。在這樣的公司裡工作人人都多少有點伴君如伴虎的感覺，他的一個得力幹將就曾這樣形容他：「在我當上總裁之前，亨利．福特對我來說一直是一位相當遙遠的人物。而如今，在玻璃大樓裡，我的辦公室就在他的隔壁，我和他經常見面，雖然只是在會議上。我對亨利．福特瞭解得愈多，就愈擔心福特汽車公司的前途和我自己的前途。」在這種情形下大批的人才，其中包括一些為福特公司立下汗馬功勞的前輩紛紛被迫離開了公司另謀高就，此後福特汽車公司逐日陷入困境，虧損嚴重。那些前輩離開後在美國汽車市場上，福特汽車公司所佔的比重一年小於一年，1978年佔23.6%，1981年跌至16.6%，從1980年到1982年，僅僅三年時間，公司就虧損三十億美元。使公司一度面臨著倒閉的危機。這種專橫地使用權力不是亨利性格上的缺陷，而是他對這種做法深信不疑。在現代的企業裡這種問題依然在不斷出現，領導者脫離員工，不相信員工，公司集體力量不能得到發揮，人人害怕，禁口禁手，這樣的企業靠什麼去發展呢？

8 知人善用 用人不疑

李・艾科卡本是福特公司的第二把交椅，1978年7月13日，他被亨利・福特二世趕走。克萊斯勒董事長約翰・里卡多立即意識到了一個機會的來到，他以前與艾科卡曾經有過數面之緣，知道他是一個不可多得的人才。在艾科卡離開福特一天後，即打去了電話希望與他在蓬夏特蘭旅館見面，在見面後他立即真誠的表達了自己的想法，談了李・艾科卡去克萊斯勒公司的可能性。當時的克萊斯勒公司在汽車行業裡剛剛起步，再加上管理上的一些問題，情況非常糟糕，他們甚至不知道未來的產品是什麼樣子，也不知道是否確實能製造出來。總之景象非常慘澹，與福特有天壤之別。但約翰・里卡沒有放棄，在接下來的時間，里德・希爾頓飯店他又先後安排了兩次與艾科卡的會面，盡力爭取。李・艾科卡離開福特時，按照法律規定包括解雇費在內，福特汽車公司要給他一百五十萬美元。但是有一條限制條件，福特汽車公司約束性很強的合約包括一項競爭性的條款，規定如果他到另一家汽車公司工作就將喪失這筆錢。里卡立即表示他們公司會代付這筆錢。事情聽起來就像是一場十分艱巨的挑戰。這些會見之後，李．艾科卡回家和妻子瑪麗商量。她的態度：「假如這個工作使你高興，那就去吧！」李．艾科卡從妻子那裡得到了強而有力的支持，剩下的唯一問題是克萊斯勒公司是否用得起他了。當然他不擔心待遇方面，但李．艾科卡現在要的是當自己的主人。他當第二把交椅的時間已經太長了，從與亨利相處的經驗，讓他深信他需要有完全自由的行動才能使公司轉變過來，在對克萊斯勒公司瞭解的過程中他已經知道自己做事的方法和他們的完全不同。李．艾科卡這樣認為：除非我在管理方式上擁有完全的權力，我的政策才能付諸實施，否則，我去該公司之舉就將成為一種人們受到挫折時所常採取的傳統做法，發揮不了積極的作用。在他的印象裡，里卡多要像亨利那樣要他當總裁，自己當董事長，這樣他是不會接受的，當時公司裡的大多領導者也是相同的想法，但里卡知道了艾科卡的想法後，他的回答是：「聽著，我不

打算幹下去了。這裡只能有一個領導者。如果你到我們這裡來，那領導者就是你。否則，我們就不會找這麼多的麻煩來進行這些會見了。」

「如果你到這裡來，領導者就是你」，一句乾脆俐落的話語，里卡駁倒了大多數的反駁，充分表現了對艾科卡的信任，我們來看看他付出高額代價的後果吧！李·艾科卡出任克萊斯勒公司總裁後，第一個驚人之舉就是招募「福特人」。艾科卡被解雇時，帶走了在福特汽車公司時用過的記事本，上面記錄著幾百名福特汽車公司經理人員的名字以及他們的專業和特長，他首先發現了四十四歲的委內瑞拉福特子公司經理吉羅德·格林沃爾德，聘其為主管克萊斯勒公司財務工作的副總裁，吉羅德又帶來了財務部經理史蒂夫·米勒成為克萊斯勒公司的總會計師。另外他又高薪反聘了福特汽車公司已退休的三位經理：加爾·克勞斯，福特汽車公司銷售經理；保爾·伯格莫澤，長期任職福特汽車公司採購部；漢斯·馬塞厄斯，福特汽車公司負責生產的副總經理做顧問工作。這三個人在福特汽車公司時，都為福特汽車公司的發展立下了汗馬功勞，被人們譽為所在部門的奇才。還有1977年被亨利解雇的哈爾·斯帕里希，他是艾科卡的好朋友，在艾科卡的拉攏下也來到了這裡，為以後公司的發展做出了巨大的貢獻，後來有人形容說，克萊斯勒有了哈爾·斯帕里希，就像在沙漠跋涉時發現了一大杯冰鎮啤酒。一大批有經驗和一技之長的福特汽車公司職員，因不滿福特二世的獨裁和霸道，也紛紛湧入了克萊斯勒。由於這股出乎意料的「人才流動熱」，克萊斯勒公司在短短幾年的時間裡，就創造出了自己的品牌，走在了同類企業的前列。

瀋陽東宇集團公司總裁莊宇洋先生有一句話很有道理，他說，「企業要招募碩士、博士，關鍵是要先找到『博士能做的工作』。」對那些卓越人才來說，吸引他們的不是待遇問題，而是個人價值問題。克萊斯勒公司的董事長里卡多之所以能讓李．艾科卡重出江湖，就是看到了他是一個「拯救沉船」的舵手。另外他也看到了艾科卡身上的大量關係，他明白李．艾科卡在福特汽車公司多年，他就像一個大螃蟹，兩個大「鉗子」和鋒利的爪與福特汽車公司許多人有著「千絲萬縷」的關係，他一被提攜起來，勢必帶起一大堆螃蟹。於是，他選擇自己讓位，他的選擇使美國出現了一個偉大的企業家。親身實踐證明：為人才搭舞臺，好戲就在後面。

微軟公司舉世皆知，提起它我們自然都會想到比爾．蓋茲，他實現了一個世紀童話，用一個軟體統治著整個世界。但在微軟內部還有兩個人非常的有名，那就是行銷副總裁羅蘭德．漢森和總裁謝利。他們的加入還有一段曲折的故事。羅蘭德．漢森本是肥皂大王尼多格拉公司的一個大人物，1981年底，微軟公司已經控制了PC的作業系統，並決定進軍應用軟體這個領域。比爾．蓋茲雄心勃勃，認定微軟公司不僅能開發軟體，還要成為一個具有零售行銷能力的公司。他的想法不錯，但缺乏人才，微軟公司在軟體設計方面，人才濟濟，不乏高手，可是市場行銷方面形式卓越性人才的匱乏也顯而易見。沒有這方面的人才，微軟別說要進入市場，就連門都找不到。蓋茲雖然看到了光明的前途，卻感到寸步難行。後經過多方打聽他邁出了非凡的一步——挖人。他選中的即是漢森，蓋茲的幕僚有點不放心，他們認為漢森是個行銷專家，可是對軟體方面卻完全是個門外漢。蓋茲相信自己，他看中的是漢森在市場行銷方面所具有的豐富知識和經驗。用人不疑，蓋茲立即將漢森挖來，委以行銷方面的副總裁這一重任，負責微軟公司廣告、公關和產品服務，以及產品的宣傳與推銷。漢森沒有讓他失望，上任做的最重要的一件事就是給微軟公司這群只知軟體、不懂市場的精英們，上了一堂統一商標的課。在漢森的力陳之下，微軟公司決定以後所有的微軟產品都要以「微軟」為商標。於是，微軟公司的不同類型產品，都打出「微軟」品牌。不久之後，這個品牌在美國、歐洲，乃至全世界，都成為家喻戶曉的名牌。軟體門外漢的漢森用品牌推動了市場銷路。

在這種趨勢下，微軟公司的市場日益擴大，海外市場也開始開發，但煩惱又再次出現在了蓋茲的面前。隨著微軟公司的經營規模日益增大，公司第一任總裁吉姆斯·湯恩年近半百，已顯江郎才盡，跟不上微軟的快速疾走。在湯恩主動提出辭掉總裁的職務後，蓋茲又費盡心機尋找合適的接替人選，他找到了坦迪電腦公司的副總裁謝利，並委以總裁的重任將他挖了過來，如此快速的提升在當時是非常少見的。謝利一來，就對微軟的人事來了個大刀闊斧。他更換了負責市業務的副總裁，更換了事務用品供應商，削減了20％的日常費用。在他的領導下，微軟的體制逐步完善，革除了許多弊端。不過，謝利在微軟的好戲還不只如此，1983年，為了搶在可視公司之前開發出具有圖形介面功能的軟體，佔領應用軟體市場，微軟開始了「Windows」專案，並宣布在1984年底交貨。誰知，直到1984年過了大半年了，「Windows」軟體仍然沒有開發出來，以致新聞界把「泡泡軟體」的頭銜「贈給」了Windows。蓋茲大為震怒，就在這樣進退維谷的時候，謝利沒有發慌，而是私底下認真調查終於找到了病根：除了技術上的難度以外，開發「Windows」的組織和管理十分混亂，謝利又一次大刀闊斧地整頓：更換「Windows」的產品經理，把程式設計高手康森調入研究小組，負責圖形介面的具體設計；蓋茲則集中精力考慮「Windows」的總體框架和發展方向。經過謝利的這一番部署，「Windows」的開發立見奇效，各項工作有條不紊，進展神速。年底，微軟即成功向市場推出了「Windows」1.0版，隨後是「Windows」3.0版。

企業用人是一門學問。漢森雖然不會發明軟體，但他有將軟體送到全世界的想法，蓋茲對這一點看得很透徹。人才最需要的是舞臺，蓋茲為謝利搭了舞臺，最高領導人最關鍵的地方就是要知道自己是做什麼的。比爾．蓋茲能讓微軟在全世界都那麼「硬」，確實顯示了他的過硬的本領：用人。可以說他當機立斷，可以說他用人不疑，可以說他乾脆、俐落的氣魄與膽略，這個人確實值得大家的學習，當今企業領導人，如果是專才，那麼趕快向蓋茲看齊，使自己成為將才。因為人才越來越精，研究領域也越來越精，一個企業領導人即使三頭六臂，也不可能處處都「專精」，所以，領導要習慣於制訂戰略、指明方向、提供服務。給人才機會，也是給自己機會。

9 毛遂自薦 成就需求

當傑克・威爾許在一個塑膠廠做一般的研究工作的時候，誰也不會想到幾十年後他會成為世界上著名的電力工業公司通用電氣公司（GE）董事長兼首席執行長。到底他是怎麼做到的呢？1964年，傑克所在的公司正在進行一項研製新型塑膠的工作，總公司這時指派了一個叫鮑勃的總經理來負責這項工作。鮑勃的才能很快地以實際工作成績讓老闆看見，令其相信此地所具備繼續發展的條件。因此，上頭批准成立了新的塑膠工廠，也爭取到了資金，而鮑勃也因為富於創造的才能，被提拔到總部負責戰略策劃。這樣，總經理的職位就空出來，傑克看到了這次的機會，他相信自己的能力，也認為只有到一個更廣闊的舞臺才能充分發揮自己的才能，於是他毛遂自薦，去申請這個空缺。剛開始上司不同意，認為他對市場一點都不熟悉，但傑克沒有退縮，在隨後的幾天裡，他不斷打電話給上司舉出一些他能勝任的原因，最後他終於成功取得了該職位。當他再回到工廠，他已經是主管聚合物產品生產的總經理。就在這時候出現了很大的問題，新的工廠破土動工了，技術人員才發現剛開發的PPO產品有著嚴重的缺陷，在老化實驗中，他們發現超過一段時間以後，PPO產品在高溫下很容易變脆，因此導致很容易被壓碎，而這正是原先設計中考慮的產品的優勢所在。這樣一來，這種產品就不可能成為熱水銅管的替代品，而這本來是這種產品最大的潛在市場。傑克一下子陷入了職業生涯可能被斷送的危險中，但他沒有放棄，瘋狂的用了六個月的時間，和技術員一起住在實驗室裡，嘗試了所有的方法，直到最終找到了解決方案。這種混合塑膠產品叫做變性聚苯醚（PPE），今天在全球是有著十億美元銷售額的成功產品。而傑克也以此次表現贏得了大家的認同，令某些人十分吃驚，因為這完全超出了傑克的能力範圍。

對此，用美國哈佛大學教授大衛．麥克米蘭的動機理論來解釋就非常恰當。大衛．麥克米蘭是當代著名的動機心理學家，他從二十世紀四、五〇年代開始對人的需要和動機進行研究，提出了著名的「三需求理論」，他認為個體工作情景中有三種重要的動機或需要：1、成就需求：爭取成功，希望做到最好的需要。2、權力需求：影響和控制他人，且不受他人控制的需要。3、親和需求：建立友好親密的人際關係的需要。麥克米蘭認為，具有強烈的成就需求的人渴望將事情做得更為完美，提高工作效率，獲得更大的成功。他們追求的是在爭取成功的過程中克服困難、解決難題、努力奮鬥的樂趣，以及成功之後的個人成就感，並不看重成功所帶來的物質獎勵。個體的成就需求與他們所處的經濟、文化、社會、政治的發展程度有關；社會風氣也制約著人們的成就需求。麥克米蘭發現高成就者的特點是：他們尋求那種能發揮其獨立處理問題能力的工作環境，希望得到有關工作績效的即時明確的回饋資訊，進而瞭解自己是否有進步；他們喜歡設立具有適度挑戰性的目標，不喜歡憑運氣獲得的成功，不喜歡接受那些在他們看來特別容易或特別困難的工作任務。高成就需求者事業心強、有進取心，敢冒一定的風險，比較實際，大多是進取的現實主義者。

高成就需求者，是比較好理解的一類人，他們希望靠自己的雙手努力取得成功，所以他們不會選擇成功率過高的工作；他們希望得到成功後的巨大滿足感，所以他們不會選擇成功率過低的工作。所以成敗可能性均等的工作受到了他們的青睞。

可以說，傑克．威爾許為成就需求理論做了生動的詮釋。到了1968年的6月，也就是他加入GE公司八年後，他被提升為主管，2600萬美元塑膠業務的總經理。這一年，傑克．威爾許三十二歲，成為GE公司最年輕的總經理。十三年之後，他四十五歲時，成為GE公司第八任董事長兼首席執行長。

10 提供舞臺 親和員工

「對人才的最大激勵不是金錢，而是舞臺。」這可能是商界流傳的一句名言，但誰又能像弗蘭克．康塞汀那樣將它詮釋得如此徹底呢？他相信：「如果你使員工對他們的工作有自豪感，這比給他們報酬要好得多。他們需要的不是地位，而是被認可感和滿足感……」

在工作之餘，弗蘭克盡量抽空與員工交談，瞭解他們的想法和需要，在公司規模擴大使有些事情不能親力親為的情況下，還反覆交代管理者，要時時激勵那些優秀的員工。他提到管理者的工作，就是把員工們放在合適的職位上。只有把適當的人放在適當的職位上，他們才會得到心理上的滿足，而這種滿足是他們在所不能勝任的更高一點的職位上也得不到的。有些管理人員認為自己的工作也很忙，這種事情可有可無，但弗蘭克卻認為一個公司的利益，是體現在員工的忠誠度上，管理者的最大任務就是把人性的優點運用到與員工打交道的日常事務中去。他的這種管理方式，在國家罐頭食品有限公司得到了傳承。就是這樣上下交流，給企業帶來了溝通、帶來了合作，滿足了員工彼此之間的理解和友誼，提高了員工與經理人員間更好合作的願望和能力，才讓這家公司經久立於不敗之地。

正因為人性化的管理，使員工對群體和公司產生了雙重的歸屬感，所以員工的忠心程度是無可厚非的，於是為公司帶來了巨大的利潤。

所以，身為一個合格的領導者，我們需要做的就是多與員工交談，以達到上情下達的目的。在提升自己親和力的同時，又可以獲得基層員工的信息，有利於自己對下一步的計畫進行一個很好的規劃和預測。

11 融洽勞資 歡樂與共

食品王國裡的國王H．J．亨氏公司創始人海因茲（Henry John Heinz），1844年出生於美國的賓夕維尼亞，他的家庭條件並不是很好，但他在八歲的時候，就具備了領導才能。他是家中最大的孩子，他會帶領著弟弟妹妹們在父親磚廠的空地上開墾一塊小菜園，種植番茄、洋蔥、馬鈴薯等蔬菜，到了收穫季節，他們就提著菜籃子向鄰居和磚廠的工人兜售蔬菜。弟妹們把這事當成了一個遊戲，玩了一陣子就沒有興趣了。但海因茲卻對此非常用心，不但堅持了下來，十歲時就開始推著獨輪車走街串巷去叫賣，到了十六歲，他已經成為了一個小老闆，手下有了好幾個員工替他種菜和賣菜。後來，他創建了H．J．亨氏公司，有人說他是從菜園裡走進商界的，誰也沒有預料到H．J．亨氏公司竟然會取得如此巨大的成功。從1888年將公司更名為H．J．亨氏公司，海因茲即被稱為「醬菜大王」；到了1900年，亨氏公司的產品種類超過了兩百種，躍居美國大公司的行列。又經過幾代人的努力，亨氏公司的產品不只是人們印象中的嬰兒營養奶粉、嬰兒營養米粉，只就美國而言，亨氏公司的產品已經滲透到美國人的每一間廚房、每一張餐桌，罐裝金槍魚、青豆罐頭、番茄醬、泡菜、芥末粉等，成為美國人生活的一部分。現在亨氏公司的分公司和工廠遍及世界各地，是一個年銷售額高達六十億美元的超級食品王國。那麼，那個八歲就帶領弟弟妹妹種菜的小男孩，是如何創立這個超級食品王國呢？應該說，海因茲在經營過程中有很多招法，但建立一個融洽的勞資關係應該是他的經營祕訣。他是個身材短小的傢伙，可是在員工們的心理都認為他很高大，因為他總是與大家談笑風生，往來於他們之間。他還特別善於用自己的熱情來打動員工，使大家非常感動和振奮。亨氏公司的勞資關係被認為是全美工業的楷模，被譽為「員工的樂園」。

海因茲最偉大的名言是：「快樂的時候不要忘了員工。」某次他去佛羅里達旅行，大家都對他說：「好好玩一玩，你太累了，一年到頭也難得輕鬆這麼一回。」可是不久他就回來了，人們都問他原因，他對大家說：「你們也都不在，沒有多大意思。」這時他指揮一些人在工廠中央安放了一個大玻璃箱，員工們納悶地過去看，原來裡面有一隻大傢伙，是短吻鱷，重達八百磅、身長14.5英尺、年齡一百五十歲。大家都覺得非常納悶，海因茲笑呵呵地說：「這個傢伙是我佛羅里達之行最難忘的記憶，也令我興奮。請大家工作之餘一起與我分享快樂吧！」原來，這隻短吻鱷是海因茲特地為員工們買回來的。看到這，海因茲是如何成功的也就不言而喻了吧！1919年，亨利．海因茲逝世，享年七十五歲。此時他一手創辦的亨氏公司已擁有六千五百名員工、二十五家分廠，以及十萬英畝的蔬菜基地。海因茲把他對員工的真誠關愛和體貼留了下來。在他經營企業的時代，盛行泰勒的科學管理，將員工看做是「經濟人」，認為金錢刺激是他們工作的唯一動力，亨利用自己的行動啟迪了森嚴的管理科學向「人性化」演變。所以說，亨利留下的財富，在於他對員工的那份情感，而非企業。現在，許多企業領導者出國、出差，也都學會帶點小玩意兒回來了，但出於「小恩小惠」的心理，並不被大家所喜歡。東西不在大小，而在於是否真心。只有經常往來於大家之間，且談笑風生，讓員工們感受到了不是管理，而是溝通，才能取得最好的效果。

還有另一個機器廠也留意到要多與員工接近，每到發工資的日子裡，總經理或財務總管就抱著一個錫盒子在工廠裡走。盒子裡面是工資支票。由於是由總經理或財務總管來發這些工資支票，他必須知道每個人的名字，而且能夠保證每個員工都有機會向他們提問題或建議。無疑地，總經理或財務總管做的太正確不過了。但是，這個工廠只有三百人，如果是三千人、三萬人，總經理或財務總管還能親自來發這些工資支票嗎？所以，溝通應該是一種制度，要建立管道。在我們讚賞海因茲總是與大家談笑風生的同時，也要知道光靠「往來於他們之間」是絕對不夠的。

第2篇

拯救沉船的人

1 窮追不捨 開拓進取

可口可樂是世界上最有名的碳酸飲料，從它問世以來，一直雄霸全球市場長達一百年之久，其實，可口可樂的配方99％以上是公開的，成分有糖漿、蔗糖、碳酸水、醬色、磷酸、咖啡因和「天然香料」，其中可口可樂的全部奧祕就是這種被稱為「天然香料」的東西。據說它是由七種草藥精心熬製而成，但究竟是哪七種草藥呢？除少數的幾個重要人物外，誰也無從知曉。外界把它們叫做「神祕的7X」。天然香料在可口可樂中所佔的比例不到1％，但是為了分析出這個「7X」，化學家和同行競爭者們已經花費了八十多年的時間，還是沒有揭開祕密。可以這樣形容「7X」配料對可口可樂的重要性：在當今世界上，如果哪家公司掌握了「7X」的祕密，即使它的飲料不叫「可口可樂」，公司依然可以憑藉「7X」的魔力成為世界軟性飲料行業的一方諸侯。既然「7X」如此重要，大多數人可能都會認為這種配方一定是開發它的人研製出來的，否則誰會把這麼重要的配方拱手相讓呢？

其實不然，應該這麼說，凱德勒（Asa Candler）不是發明人，但是如果沒有他就不會有今天的可口可樂。其實事情應該從1886年5月8日開始說起，在美國喬治亞州的亞特蘭大市有一位藥劑師，名叫約翰・潘伯頓（John Stith Pemberton）。有一天他童年的夥伴、年輕時的朋友、在外經商的法爾麥希回到家鄉了。故友重逢他非常高興，為了表示歡迎，潘伯頓請法爾麥希試飲他自己研究出來的一種飲料，當時他稱其為「法蘭西的正宗香檳」。法爾麥希半信半疑地品嚐起來，令他感到奇怪的是完全不是香檳的味道。正當他要開口罵潘伯頓騙人時，卻立刻被這種飲料的奇妙的味道吸引住了，忍不住一口氣喝了個精光：「味道真棒，真棒！真棒啊！」但當時他感到美中不足的是糖漿太稠了，他立即建議潘伯頓加點水。潘伯頓靈機一動，又倒了一杯加了碳酸水的給他。這樣一來，一杯口味全新的飲料產生了，它就是歷史上的第一杯可口可樂。法爾麥希是個商人，他看到了這個商機，鼓勵老友將這種飲料推向市場，隨後可口可樂的神奇配料很快給潘伯頓帶來了不小的利潤，但是他對自己發明的價值卻不屑一顧，他把「7X」帶給他的利潤看得像賭贏了一場賽馬一樣隨便。就在這時，亞特蘭大市的製藥商凱德勒知道了這種飲料，覺得這種飲料與以往的都不相同，預言它一定會受到人們的歡迎，便多次找潘伯頓交談，以高昂的價格逐步買下了他的股份。

凱德勒富有開拓精神，他非常重視配方的「寶中之寶」，覺得可口可樂的市場不應該侷限於一處，他一接手後，馬上開始拓寬市場管道，但結果並不好，酒香也怕巷子深，他發現顧客在進行同類產品挑選時，總是傾向於熟悉的、聽說過的產品。為了宣傳產品，1889年5月1日，凱德勒在《亞特蘭大紀事報》用整版的篇幅刊登了一則廣告，宣布可口可樂的生產、批發和零售。同版的空白處，凱德勒以第三者的口吻盛讚可口可樂這種飲料「味美爽口」，有「醒腦提神」之功效。但是直到1891年，他的可口可樂還是沒有被大眾接受。凱德勒並不灰心，繼續增加在報紙上刊登廣告。錢最終沒有白花，到1892年的可口可樂銷量猛增了十倍。凱德勒沒有停下腳步，他放棄了其他的生意，集中精力於可口可樂的生產和銷售。可口可樂的生意越做越大，超出了亞特蘭大市，走出了喬治亞州。1895年，凱德勒在致董事會的報告中自豪地宣稱：「今天，美國所有的州都喝可口可樂了。」可是，隨著產量增加、銷售網站擴大，運輸倒成了一個問題，可口可樂是被成桶地運到全國各地的，這樣做不但非常麻煩，而且一次還不能運很多，在城裡是供不應求了，可是郊區和鄉村的人們卻喝不到可口可樂。但幸運之神再次垂青了凱德勒，一天，密西西比州的一個餐館老闆比登哈恩到亞特蘭大直接對凱德勒說：「如果你肯出五百美元，我可以告訴你一條增加可口可樂銷售量的辦法。」凱德勒微微一愣，他在心裡有點琢磨不透，對面這個陌生人到底是個來找錢花的江湖騙子呢？還是個身懷妙招的商人？他有點猶豫，但冒險的天性讓他立刻就下定了決心：豁出五百美元不要了，來看看這個辦法。他冒險買下的這個辦法即是：把可口可樂裝瓶出售。

這樣，瓶裝的可口可樂開始在市場上出現了。不久，沿密西西比河兩岸的種植園和伐木場裡，也有了成箱成箱的瓶裝可口可樂在出售。於是，瓶裝可口可樂產生了。瓶裝業的進展，促進了高速瓶裝機的發明和可口可樂專用運輸網的出現，這一切大大提高了效率，使更多的產品以更快的速度送到更多的消費者的手中。這個故事講了兩個內容，凱德勒在一開始就看準了可口可樂的巨大潛力，並且做到了堅持到底；在那個餐館老闆提出建議時，他又能準確地抓住，最後取得了成功。機遇真的如流星一樣轉瞬即逝，只有具有開拓進取的精神，能夠大膽嘗試的人，才更有機會獲得它。

2 創新為本　時移事易

福特汽車公司是世界上最早的汽車公司，在汽車發展的歷史上有著很重要的地位，亨利．福特是如何取得成功的呢？福特是一位非常有遠見和頭腦的年輕人，當時在他們所處的年代裡，運輸主要靠馬車，速度很慢，也不方便，蒸汽機在別的領域裡所產生的巨大效果，讓他感到發展新的運輸工具的可行性。福特的汽車夢並不順利，1900年前後他辦過兩個汽車廠，雖然他有熱情、肯吃苦、好鑽研，終究還是因為技術不夠先進，對市場研究的也不透，而在管理上又喜歡自己說了算，所以兩次都以失敗而告終。但他沒有放棄，1903年初，亨利．福特在煤炭商馬爾科姆遜的支持下，創辦福特．馬爾科姆遜汽車公司，不久後更名為福特汽車公司。機遇是不等人的，幾年的耽誤，已經有別的汽車公司發展起來了。這一回，福特知道自己不能再失敗了，他認真總結了失敗的教訓，首先明確了經營方向——市場上最需要的大眾化汽車，為此，他又特地聘請了十二名製造經驗豐富的技工。1904年，從福特汽車公司的工廠裡開出了一百七十輛汽車。公司的經營規模擴大後，福特一個重要的舉措是聘請了經營專家詹姆斯．庫茲恩擔任經營總經理，這樣到1908年春天，福特T型車誕生了。但福特沒有滿足，他組織了很多人進行市場調查，認為汽車發展最重要的問題是價格，昂貴的價格讓很多人只能望車興嘆。面對這種情況，福特果斷地制訂了「薄利多銷」的經營策略，T型車實行的「薄利多銷」為許多夢想安上了四個輪子：每輛車售價僅九百美元左右，一般人都能買得起。在1909～1910年間，T型車共售出18,664輛，價格下降到八百五十美元（後來T型車的價格不斷下降，性能不斷提高。到1916年，T型車的價格已降至三百五十美元，到1925年只賣到兩百四十美元）。

在這種策略指導下，到第一次世界大戰結束，福特汽車公司成了世界上最大的汽車廠商，地球上幾乎有一半的汽車是福特T型車。福特還開創了為後人效法的經營理念與生產方式：「標準化」，這也成為世界工業經濟發展的一條「通用法則」。

福特聘請的經營專家詹姆斯．庫茲恩也沒有讓人失望，在1908年底，庫茲恩總經理推薦了「機械天才」沃爾特．弗蘭德，還有兩名設計師C．W．弗里、威廉．克蘭。福特決定聘用他們對公司進行生產方法的創新。弗蘭德等人的創新措施，給福特推進大規模流水線生產以很大啟示。1910年，福特在其新建的工廠裡，實驗汽車「流動」組裝方式的變革。1913年8月，福特將「流動」推廣到總裝配線上：從汽車底盤開始，到成品汽車為止，由一條捲揚機上的繩索緩緩牽動，經過125英尺長的通道，前進的每一分鐘都處在「生產」中。1914年1月14日，福特安裝起了第一條全過程鏈式總裝傳送帶。不久，研究人員又在「總裝傳送帶」兩邊安裝了移動式供給線懸空式輔助傳送帶，進一步解決了場地部件的擠塞問題。就是這一年，福特汽車公司以1.3萬名員工，生產出了美國汽車產量的一半，而另一半是其他三百家汽車廠的6.6萬名員工生產的。流水線的成功，在世界工業史上寫下了光輝的篇章，為後來汽車工業乃至整個現代工業的發展，提供了楷模。正是從這個意義上講，大產量流水線的生產方式，至今仍被稱為福特生產方式，或稱「福特製」。

這時新的問題又出現在了福特的面前，工人難以適應流水線作業的緊張工作，加上管理人員像對待機器一樣對待他們。於是，工人們聯合起來反抗。1913年10月，福特將工人的最低日工資提高到二~四美元，接著又向那些連續工作了三年的工人發獎金。這一措施收到一定效果，但不是很大。第二年，他又把最低日工資提高到五美元。福特還提倡並部分實施了「六小時工作日」、「五日工作週」等工人福利政策。這些做法效果非常好，不僅使福特汽車公司獲得了精銳的勞動大軍，改善了勞資關係，而且也成了控制工人、迫使工人拼命工作、為企業創造更大利潤的手段。對於上述影響極為深遠的創新之舉，福特的解釋反映出他的「以人為本」理念的積極意義：「其實，我提高工人的薪酬，不是對貧苦人的施捨，只是想把公司由於工作效率提高而產生的利潤讓大家分享罷了；而且當員工生活富足之後，消費水準也會相對提高，這些錢在市面上靈活的流通，也會連帶地使T型車銷售量提高。」經由提高工人工資來「降低成本」，同時促進「大規模消費」，這不能不說是現代工業文明發展進程中的最偉大的創新之一，是十分先進的「以人為本」的管理理念。

但巨大的成功使福特變得孤芳自賞、剛愎自用，經營總經理庫茲恩忍受不了他的頤指氣使，於1915年辭職而去，1919年，福特買下所有其他合夥人的股份，使公司成為福特家族的獨佔企業。但自此之後福特停止了創新，到二〇年代以後，福特汽車公司單一車型的策略不能滿足日新月異的市場需求，1927年5月，T型

車被迫停產。二十世紀三〇年代初，經濟大蕭條席捲西方世界，福特汽車公司的業績下滑嚴重。福特的創新還體現在「市場觀念」上，企業生產要滿足市場需求，而不是滿足生產者要求。他的經營「大眾化汽車」T型車就生動地說明了這一點。但成也T型車，敗也T型車。福特後期過於相信自己的判斷，而忽視了對市場需求的研究，在新的車型已經超越了T型車後，還死摟著過去的夢，結果只能是讓T型車從歷史的流水線上「下課」。這個教訓是深刻的，歷史上許多企業走了冤枉路，導致走了下坡路，追根究底是思路發生了偏頗，導致行動錯位。所以企業必須根據內外部環境的變化，時刻修正自己的經營思想，確保航線的正確。最怕的是從一開始在思想上就錯了，那沒有不走歪路的。福特以自己的創新精神為二十世紀的人類社會作出了巨大貢獻，影響和薰陶了世界上一大批企業家，「經營之神」松下幸之助曾指出，福特對他的影響最大。「義大利工業領袖」阿涅利、「法國工業領頭羊」路易．雷諾等人，都曾遠赴美國學習福特的創新精神和經營之道。可是就是這樣的人在最後也未曾把握住時代的脈動，故步自封，犯了一些失誤，所以創新是個大問題，是需要所有人時時刻刻去注意的。

3 夢想＋信念＋勇氣＋行動＝成功

有很多小朋友在還沒有認識四大名著的時候，就認識了唐老鴨和米老鼠，可想見世界上幾乎沒有人沒看過迪士尼的動畫。到底迪士尼是如何取得如此大的成就呢？

我們先來看一下它的創始人華特．艾拉斯．迪士尼的故事。華特．艾拉斯．迪士尼（Walter Elias Disney）還在襁褓裡笑的時候，他的家從芝加哥搬到了密蘇里地區的一家農場。他才剛會把一根樹條放在兩條腿間當成馬來騎時，許多雜事也開始需要他來做了，清理倉庫、採摘水果，他強烈地熱愛著大自然，忙完這些他用手裡的畫筆抒發著自己的情感。到1923年，迪士尼已經是一個技法嫻熟的畫家了。由於他對卡通片興趣濃烈，先後應徵了多家製片公司，但才華得不到賞識，但他毫不氣餒並繼續為自己的電影夢想緊追不捨。1927年，他借來了一些起步資金，在加利福尼亞成立了華特．迪士尼公司。一年後他的米老鼠出現在同期錄音的卡通片《汽船威利號》（Steamboat Willie）裡，逐漸地迪士尼的卡通片和米老鼠終於大受歡迎了。到了二十世紀三〇年代，這個可愛而頑皮的小傢伙已經完全吸引了世界各地的觀眾。一個從農場走出來的孩子的偉大，源於他非凡的想像力和天才的創造力，源於他勇於實驗、投資，把時間和精力用在新的冒險上。他的偉大之處表現在他對市場的準確判斷與把握，在沒有人看好卡通片的時代，他卻看到了巨大的需求，於是，他用夢想、信念、勇氣和行動，完成了供給。可以說，他創造了需求，引導了市場。

這時候的他應該說已經成功了，但他沒有滿足，雄心勃勃準備擴大公司，許多人勸他見好就收，好心人告誡他：「沒有一個人會坐著看一個九十分鐘的卡通。」但他堅持自己的夢想，在大家的嘲笑下展開了自己的開拓，他領導大家用新的藝術形式製作了《白雪公主》。他堅定自己能夠生產出既吸引兒童，又吸引成年人的電影，結果《白雪公主和七個小矮人》在1937年上映時，不僅為他賺得八百萬美元，並且獲得了奧斯卡獎，讓好萊塢也真正承認迪士尼。

雖然取得了巨大的成功，但迪士尼並沒有放鬆警惕，反而比以前更加重視產品的品質，製作著名動畫片《木偶奇遇記》時，一開始動畫家們已經耗費了大量的時間精心繪製了一半，但迪士尼看了之後說：「我希望大家都能夠停下來。我們的皮諾曹看起來太僵化了，這樣不行。」可是這時候製作已經開始了六個月，而且已經花掉了五十萬美元，這還不包括投入的時間、人力、精力等。一些高層都覺得他太小題大作了，但迪士尼不為所動，停下來後，他立即接見主要技術人員，找尋原因並不斷修正。停止製作《木偶奇遇記》，是因為正在進行的電影沒有迪士尼堅持的完美原則。其實，當時迪士尼公司已經贏得了全世界的喝采。迪士尼完全可以讓電影按原貌製作下去，不至於破壞公司或他的聲譽，並且能夠節省大量的金錢。但迪士尼絕不會接受非優秀品質的產品。最後《木偶奇遇記》花了三百萬美元，比任何其他動畫片花的都多。但努力是有結果的，1942年2月放映《木偶奇遇記》時，《紐約時報》稱其為迄今為止最好的卡通片。就這樣從1930到1942年期間，華特．艾拉斯．迪士尼把動畫片從一個單純的娛樂業轉變成一種全新的藝術。他利用科技手法創造了由故事、聲音和色彩三者完美結合的藝術體。他知道偉大的夢想需要大動作，他堅信夢想、信念、勇氣、行動就是力量。

這個故事很容易讓人聯想到中國的一句俗語「抽條」。「抽條」大都發生在成功的企業，認為企業知名度打出去了，產品有市場了，消費者認可了，就可以「變通」了。於是為了增加利潤，在不能維持已有的品質的前提下去減低成本。這樣的例子太多了：釀酒的多兌點水，生產香腸的多添點粉，製造汽車底盤的好鋼少用一點，拍電影的等不及了真雪地，用白的尿素鋪上也能應付，反正觀眾也不會鑽到銀幕裡頭看個究竟……迪士尼如果要考慮已經付出的五十萬美元，而應付一下，也不是不行。但這不符合他的企業追求完美的理念：企業為消費者應該永遠「加厚」。

1966年，華特・艾拉斯・迪士尼逝世。二十年過去了，迪士尼公司一直崇敬著創始人的形象，但過去的火花、靈感和勇於冒險的精神，似乎隨著迪士尼的離去而消失了。這期間拍攝的電影缺乏光彩，票房收入極差。1971年開放的加利福尼亞的迪士尼樂園，也沒有什麼新的娛樂為公司產生亮點……1982年的淨利下降了18％，第二年又下降了7％，華特・迪士尼公司開始走下坡了。

就當許多人開始懷疑迪士尼的發展前途時，艾森納・艾森納來了。艾森納・艾森納當時是好萊塢最年輕的傑出人物之一，在年少時就表現出了非比尋常的想像力、熱愛冒險的天性，以及非凡的洞察力。他的這種精神，我們從一個小故事裡就能感受到。

一個秋日的傍晚，街燈初上，熙來攘往的人行道沐浴在一片暖暖的黃昏中。站在公園大道高處的一幢幽雅別緻的公寓房中，透過窗戶，九歲的艾森納・艾森納饒有興味地看著街邊的一切。他的眼睛捕捉到樓下街角處一對傾談的情侶，男的穿著優雅，女的美麗出眾。

突然，女孩轉身快步離開。艾森納心裡立即開始思考：「她甚至沒有回一下頭，難道他們在吵架嗎？」他又看了看小夥子，「這個傢伙也沒看她一眼。哦，我知道了，他們是間諜！那個男人剛剛交給了女孩一個裝滿了軍事機密的信封。」可是轉而他又有了第二種假設：「不，不，這個男人不是個間諜！那麼他一定是個小偷，那個漂亮女孩是他的搭檔。今晚他們肯定將在某個晚會上碰頭，然後偷走所有人的珠寶。」艾森納再度把目光投向街燈下昏黃的光圈裡，男人在街上踱來踱去，他又推翻了自己剛才的想法，認為：「他們肯定不是偶然相遇。」艾森納心想，「他們絕對在策劃某個祕密。只是在此之前她不得不先跟其他人談談，隨後他們還將在這裡碰頭，一起逃走，離開某地……」因為這樣，他常常被媽媽責怪是在做白日夢。他的母親當時並不知道，在以後的歲月裡，正是艾森納・艾森納的這種天性，使他年僅三十四歲就成為好萊塢最年輕的傑出人物之一，任何一家瀕臨破產的電視或電影公司，都盼望著能得到艾森納，來拯救危亡。到1984年，四十二歲的艾森納已經是好萊塢最大的電影公司之一派拉蒙公司的一位成熟的總裁了。

1984年9月22日，艾森納・艾森納臨危受命，當上了華特・迪士尼公司的董事長。他清醒地意識到，要把這家困難重重的企業煥發青春，自己需要更多的幫助。他一分鐘也沒有耽誤，立即聘請了在好萊塢的朋友弗蘭克．威爾士擔任總裁。威爾士是一流的律師，因其天才般的商業洽談能力而聞名。兩個朋友達成共識，艾森納負責新創意的產生，熟悉商業運作的弗蘭克料理財務，看看公司是否有足夠的財力、物力去實施這些創意。迪士尼的員工們非常樂於接受這種讓人熟悉的雙人組合，這使人想起了華特．迪士尼在世時，就是由他本人集中負責創意，而他的哥哥羅伊則管理公司的預算、支出和投資。這種創意與營運的組合，完美地存在了許多年，直至1966年他去世為止。現在，迪士尼的管理層希望艾森納的類似組合能再次奏效。艾森納在聘用人上別出心裁，經他挑選的人大多數已是中年並且有了家庭。他認為迪士尼是以生產為家庭服務的產品為主的企業，員工本身更應該注意參與家庭生活。他自己也非常喜歡跟孩子們接觸，甚至會偶爾逃離高層會議，與孩子們一起參加聚會。而且無論多忙，他都堅持每個週六與孩子們一起觀看或參與體育比賽。後來的事實證明，他的很多想法都來自對自己幾個成長中的孩子的觀察。例如後來的週六晨間卡通片《卡米熊歷險記》，就是在給最小的兒子買喜歡吃的糖果時獲得的靈感。

從來到迪士尼後的第二個星期開始，在位於比佛利山的豪宅中，艾森納召開了一系列的週日晨間例會。這些會議被稱為「創意集中營」，艾森納把自己和幾位員工鎖在一個房間中達數小時之久，其間，大家必須推出無數創意。而每個人都有權否決別人的看起來不怎麼樣的建議。艾森納盡一切努力鼓勵同仁們大膽提出各式各樣的創意，甚至一些看起來有些愚蠢的想法也無所謂。但長時間的滯留讓公司產生了資金的問題，艾森納將目光轉向了迪士尼龐大的舊影片儲藏庫，其中有諸如《白雪公主》和《灰姑娘》等經典童話片。以前的迪士尼領導者因為擔心人們買了錄影帶後，就會待在自己家裡收看，而影響電影院的票房，所以拒絕將它們製成錄影帶出售，現在的領導者都不願意更改，但艾森納不相信這個，他清楚地記得童年時把自己心愛的書讀了一遍又一遍的情形，更記得兒子對喜愛的電視節目沒完沒了地重複看的樣子。他立刻下令在耶誕節將一、兩部這類影片製成盒帶出售。結果僅銷售錄影帶這一項，就為公司帶來

了數十億美元的收入，當即緩解了現金壓力。於是，迪士尼公司又開始閃耀光芒了。

所以，一定要記住一個人可以為今天保證，但不能為明天擔保。人們萬萬不可以躺在前人的枕頭上，即使他曾經是神，迪士尼公司的人就是活在過去的時間裡太長了。好在他們終於醒了，艾森納．艾森納帶來的是早晨。不可否認地，艾森納．艾森納選擇的一些做事方法與迪士尼非常相似，比如初來時選擇兩人當政，但那絕不是一種「繼承」，而是一種需要，首先是迪士尼公司需要艾森納．艾森納和弗蘭克．威爾士的精誠合作；其次，管理分工也要求他這樣做。至於以後他勇於打破先例，讓儲藏室裡的舊影片《白雪公主》、《灰姑娘》等賣了個好價錢，就更體現了這一點。毫無疑問地，艾森納的成功與他不盡信前人，努力突破創新有很大的關係。

皮爾．卡登這一世界著名服裝品牌，誕生於二十世紀五〇年代，它的創立經過了一番非常曲折的過程。卡登出生於一個平凡的工人家庭，生活的困窘讓他過早就開始自立，但他從小就顯示出了對服裝設計的熱愛和獨特的天分。在他十七歲的時候，有一天在巴黎的一個酒吧借酒澆愁，一位伯爵夫人坐到他旁邊和他說話。她問他：「你身上的衣服從哪兒買的？」卡登據實回答：「是我自己做的。」伯爵夫人非常吃驚地對他說：「孩子，努力吧！你一定會成為百萬富翁的！」這句話給了卡登很大的激勵，1950年，在巴黎，年輕的卡登租了一間簡陋的門面，掛上了「皮爾．卡登時裝店」的招牌，開始了他的服裝大師之旅。在他自己的勤奮努力下，1953年，他舉行了第一次女性時裝展示會，由此，皮爾．卡登的名字赫然醒目地出現在許多報紙上。

卡登成功了，但他並不想因循守舊。在當時的巴黎，男性時裝沒有市場，在服裝業界內是不入流的，卡登不相信這樣，在1959年，卡登大膽舉辦了既有男裝系列，又有女裝系列的時裝展示會。但結果是殘酷的，他的異想天開遭受到的是冰天雪地。同業的冷落和指責紛紛襲來，他被趕出服裝業的「顧主聯合會」。

卡登沒有放棄，他認真研究，發現這個時代的巴黎青年，追求獨特的個性，喜歡張揚。卡登大膽突破，設計了時代感強烈的「曠」字牌服裝圖紋對比和諧，寬窄長短相宜，生氣勃勃，豪放灑脫，體現舒適、飄逸、挺拔和爭嬌鬥豔、古樸典雅的風格。「曠」字牌服裝贏得了挑剔的巴黎顧客。演藝界名流、社會高層人士、達官顯貴等爭相慕名前來訂製服裝，卡登時裝店一時門庭若市。三年後，他重返「顧主聯合會」，還毫無爭議地將主席的頭銜戴在自己的頭上。

法國是世界時裝中心，二十世紀六〇年代以來，卡登一直是法國時裝界的「先鋒」派代表人物。他的時裝，突破傳統，追求創新，樣式新穎，色彩鮮明，線條清楚，可塑感強，加上做工精細、質地華貴，因而得以獨領風騷。對於創新，卡登曾風趣地說：「我已經被人罵慣了。我的每一次創新，都被人們抨擊得體無完膚。但是，罵我的人，接著就做我所做的東西。……我是冒險家，我製造報紙第一版新聞已經不是一次，事實證明我成功了。」

做到了這一點已非常不容易，但卡登的眼光更高，他更想自己的服裝推向世界，但這又談何容易，卡登的思考最後落在了「讓高雅大眾化」的經營戰略上。他的經營理念是：時代不同了，明星制的模式必將走向死亡，是迎接「大眾化時裝的時代」到來的時候了。

1961年，卡登首次設計並大量生產流行服裝，一舉獲得成功。此後，他連連推出各種樣式的、不同規格的流行成衣產品，而且常常供不應求。卡登不斷地擴大公司規模，以順應大眾化市場的大量需要。七〇年代末，卡登設計的一種寬條法蘭絨上衣，風靡法國、美國，使巴黎、紐約的「紳士們」為之傾倒，如醉如癡。他立刻將其大量加工，投入「大眾化」市場。就是這樣，他一面出高雅的、領導潮流的新穎時裝，一面將其投人大大量生產，佔領最廣泛的市場。二十世紀七、八〇年代，他所設計的許多時裝，被推舉為最創新、最美麗和最優雅的代表作，並三次獲得法國時裝的最高榮譽獎「金頂針獎」。而這些獲獎傑作，大多投入到他那遍佈世界的「卡登時裝專賣店」的大眾化市場。「讓高雅大眾化」的經營策略，使其時裝帝國的疆域不斷擴張，二十世紀五〇年代打入世界最有潛力的美國和日本市場；六〇年代和七〇年代後期又先後打進世界上人口最多的印度和中國；八〇年代，全力以赴地向蘇聯、東歐市場進軍，並在許多國家開設服裝工廠，靠「皮爾．卡登」

賺錢。

卡登的這項指導方針，在其他方面也得到了成功的實踐。1981年，皮爾·卡登做了一件非常出乎所有人意料的舉動，以一百五十萬美元的高昂價格買下了即將破產的瑪克西姆餐廳。消息傳出，巴黎震驚，不少人紛紛斷言皮爾·卡登肯定要破產。但皮爾·卡登依然我行我素請來專家將餐廳修葺一新，在牆上畫了希臘神話中的美麗女神，而背景則是一片田園牧歌式的優雅、安靜和舒適的色調，餐廳裡擺設了線條流暢的精雕木飾，洋溢著一派古色古香而又充滿現代藝術風格的氣息。皮爾·卡登又聘來名廚，精心製作食品。他做的最大決策是：菜餚、價格等全部為一般老百姓量身訂作，餐廳全天對外開放。消息一出立即引起了轟動，瑪克西姆餐廳原來是俱樂部式的，僅對少數會員開放，而現在皮爾·卡登居然要將餐廳面向全社會開放！瑪克西姆餐廳開張了，引來顧客如潮。瑪克西姆歷來是上流社會來往的場所，現在花少量的錢就能進去做「上帝」，老百姓當然要去看看了。後來皮爾·卡登還到世界各地開了分店。

成功之後，卡登遇到了一個世界性的商業問題——盜版，很多服裝廠商紛紛仿製他的產品，一時間銷售額有下滑趨勢，卡登非常聰明，他沒有按照傳統的處理辦法，反而同意把設計方案賣給廠商生產，把他的商標轉讓給經營者，有意合作的廠商可以使用「皮爾‧卡登」商標，只是必須支付7％～10％的轉讓費。儘管轉讓費高了些，但廠商還是紛至沓來。美國有一個叫圖林的商人，用了皮爾‧卡登的商標，一年可以多賺兩千多萬美元，如果不用「皮爾‧卡登」商標，產品幾乎賣不出去。迄今為止，皮爾‧卡登已經簽了六千多份合約。

皮爾‧卡登的成功，取決於他對事業的狂熱追求，這是一個企業家必備的精神素養。卡登可以說是春風得意，其實，在春風來到之前，他更多的時候是在泥濘的路上奔波與探索。沒有放棄，成就了他的「服裝帝國」。他的成功，還來自他持續不斷地創新精神，具體體現了勇於突破，更勇於標新。

5 同舟共濟——李・艾科卡是如何拯救克萊斯勒

李・艾科卡是美國有名的企業家，被人們稱之為「拯救沉船的人」，這個名稱的由來還有一段非常曲折的故事。1978年7月13日，本是福特汽車公司的李・艾科卡遭到解雇。同年11月2日，美國的《底特律自由報》刊出了兩副大標題：「克萊斯勒遭到空前的嚴重虧損」和「李・艾科卡加盟克萊斯勒」。讓我們先看一下艾科卡加盟後的結果吧：1978年，李・艾科卡掌管克萊斯勒公司時，公司瀕臨倒閉。1980年虧損十七億美元。1983年春，克萊斯勒公司已經可以發行新股票了。本來計畫售出1250萬股，但是需求如此之多，最終發行量超過此數的一倍。買股票的人排隊等候，發行的2,600萬股在一個小時內就賣光了，其總市值高達43,200萬美元。這是美國歷史上佔第三位的最大股票上市額。這年，克萊斯勒公司的實際利潤達92,500萬美元，遠遠超過克萊斯勒公司歷史上最高的利潤。1984年，克萊斯勒公司轉虧為盈，淨利潤二十四億美元。

他到底是怎麼做到的這些巨大的成功呢？實際上他的策略很簡單：同舟共濟。在李・艾科卡到克萊斯勒上任的第一天，就受到了當頭一棒，公司宣布了第三季度虧損約一萬六千萬美元，是公司歷史上最大的赤字。

但危機遠遠不只如此，在兩、三個月後，他就震驚的發現公司的現金竟然枯竭了。李·艾科卡決定，自己必將是這場挽救克萊斯勒之戰的將軍，但是不能孤軍奮戰，他相信在艱苦的歲月裡，只有合作才能辦事。他決定把自己的年薪降為一美元，他這樣做是想樹立出榜樣，讓克萊斯勒的員工和原料供應商能夠跟從。李·艾科卡削減了自己的薪資之後，就開始給高級職員降薪，但對工人的待遇卻一如既往。憑藉這樣的舉措，李·艾科卡成了工會的朋友，工人喜歡並且相信他，他們說：「這傢伙將帶我們到天堂去。」他還得到一位道地的擁護者，就是湯姆·梅因納，他是專門處理公司勞資關係的人。

一年以後，企業的情況更糟了，李·艾科卡不得不求助於工會。在一個隆冬的晚上十點鐘，李·艾科卡對工會做了一次語重心長的談話，他說：「你們可以到（明天）早上做出決定，要是你們不幫助我解決問題，早上我就要宣布破產，這樣你們大家就都會失業。你們有八個小時可以做出決定，你們就看著辦吧！」克萊斯勒公司的工人做出了很大的讓步，第二天馬上每小時有1.15美元從他們的工資單裡消失了。在減薪的一年半時間內，這個數字又增至每小時2美元。在十九個月中，克萊斯勒的一般工作人員，每人放棄了一萬美元左右。1980年，李．艾科卡跑到每一個克萊斯勒的工廠去直接對工人講話。在一系列的群眾集會上，他向他們致謝，感謝他們在這些艱苦的歲月裡的堅持。工人們都愛戴他，有些生產線上的工人過來擁抱他，送他禮物，或者讓他知道他們為他上教堂祈禱，因為他保住了他們的飯碗。但是，在克萊斯勒，危機卻一個接一個來，李．艾科卡被搞得完全筋疲力盡了，他看不到希望，甚至想要放棄，這時候工廠裡一個女工鼓勵了他，她帶了自己烤的蛋糕來到李．艾科卡的辦公室，鼓勵他並且在廠報上寫了一小段文章，告訴她的同事、工人要振作起來。她寫道：「你被臨時解雇了，現在你也許有充分的時間來考慮被你浪費掉或因為欣賞那些破爛貨而花去的時間了。」就是在這樣的情況下，克萊斯勒最後走出了困境，李．艾科卡因此成為美國公司的民族英雄。

企業在危難的時候，能救它的，永遠不是外人。以後在公司裡不論是辦公室，還是會議室，或是通道的牆上，到處都能看到一幅招貼畫，畫上是一條即將撞上冰山的巨輪，下面寫著：能拯救這條船的，唯有你。

6 開辦學校 傳承文化

紐約的哈德遜河谷可能很少有人聽說過，GE把管理學院就設在這裡的克羅頓維爾，GE人喜歡叫它「克羅頓村」。這個「村」佔地達五十二英畝。克羅頓維爾學院雖然在紐約州的地圖標示得並不起眼，然而它有開闊的場所，設計也非常獨特，如大型演講廳的結構是凹陷型的，聽眾的座位是高高在上，而演講人必須抬頭面對聽眾講話，這種賓主顛倒的安排，目的是為了鼓勵學員大膽地提出自己的看法。雷奇諾．瓊斯（Reginald H. Jones）這個GE董事長，就是這裡開班授課的首屆學員。從此，這裡就成了GE高層管理人員激發靈感的場所，也是基層經理培訓發展的教育中心。《財富》雜誌把克羅頓維爾譽為「美國企業界的哈佛」。在這個地方，公司管理人員在一起進行研討、辯論、交流、演講，數以萬計的人員得到了各種培訓，進而創造出GE舉世矚目的管理理念和風格。

1981年，傑克．威爾許成為GE的首要人物後，十分重視管理學院的作用，他經常來這裡與員工一起交流，探討心得，給公司的員工講授知識。威爾許十分熱愛克羅頓維爾學院，他每月至少一次去那裡發表演說，並回答提出的問題。他喜歡那裡的一切開闊的場所，充滿著熱情的辯論，不拘一格地面對面交流，更為重要的是，他在那裡可側面瞭解到公司的真實現狀。在克羅頓維爾學院，威爾許常常是以威爾許教授、威爾許博士的身分出現在講臺上，而不是威爾許董事長。雖然每個人都清楚他是公司的老闆、首席執行長和確確實實的董事長，但他也真正做到以教授的身分與員工們融為一體。某次他來上課，穿著比較正式，來到後他立即向旁邊的人解釋：「我剛出席了幾個會議，不得不穿得如此正式。」他覺得應該穿得輕便一點，這樣大家才感到輕鬆，他為自己的「嚴肅」感到抱歉，他態度友好而又熱誠，和周圍人做了簡短的寒暄後，輕輕地步入講演廳。但人們還是非常緊張，畢竟大家是直接面對了公司的最高領導人董事長兼首席執行長，每個人都在焦慮地揣測著他們的領袖會以怎樣的面目出現在面前。傑克．威爾許走上

講臺，脫下了他的外衣並笑著說：「我非常想認識在座的每一位，好讓大家快一點熟識起來。以後我們再見面，如果大家不知道我是誰，這就太可怕了！」大家立即就輕鬆了。然後，他才與大家交談起來，他親切地詢問了每人的名字、所在的部門以及所從事的工作。一位來自亞洲的女職員在做了自我介紹後，威爾許的眼光突然閃爍了一下，他問：「我不久將去那裡訪問，到時你們公司的主管會以什麼方式來接待我呢？」大家笑得更開心了。威爾許很好地利用了講課的開場白。在與每個人的對話中，他不僅顯示了他廣博的業務知識和實在的經營理念，更重要的是，他從中瞭解了公司的內部實情與動向。他努力地爭取與每一位學員交談。他鼓勵大家講實情、說真話，這時，他像一位一般的大學教授一樣，既不高高在上，也不輕視他人，相互之間坦誠以待，並對每人的說話都表示了極大的耐心。很快地，他就創造了一種不拘禮儀，使人能暢所欲言的氛圍，當他聽到反面意見與壞消息時，不怒不躁，顯現出深切地關注。等他結束講座的時候，他宣布：「做為教授的我在此結束了，但做為董事長，我樂意與大家共進晚餐，好繼續與大家交談。」

威爾許讓克羅頓維爾學院發揮了更大的作用，為了保證員工們能暢所欲言、直言不諱，威爾許嚴禁任何記者、作家、分析師及顧問們接觸克羅頓維爾這個祕密場所，以確保談及的各種事情不會走漏風聲。他希望GE的員工能在克羅頓維爾學院感到自在、擁有自信，不受任何拘束與干擾。這裡實際上應該是GE培養幹部的搖籃，每年有六萬名經理人到這裡學習。僅就這七十個人的班來說，這些管理者將從他們的重要職位上離開將近一個月，但威爾許認為這非常值得。

這種做法影響了後代的很多人，德國的西門子教育學院、海爾企業大學、聯想管理學院等，都與克羅頓維爾學院一起實施一種旨在大力提高員工創新能力的「能本管理」。而王永慶的臺塑企業，早在1963年就投資了1.5億創辦私立工業專科學校、大學，他的目的也只有一個：為企業持續發展輸送自己培養的人才。

7 能夠「守業」的人——西武集團的成功

日本有一個西武集團，這個集團從二十世紀七〇年代在第二代掌門人堤義明的領導下，實現飛躍，與新日本鋼鐵公司等並列為日本最大的企業集團。它總共擁有一百七十多家大規模企業，員工逾十萬人，經營的業務涉及鐵路、運輸、百貨公司、地產、飲食、高爾夫球、遊樂、職業棒球隊、學校、研究所等一百多個類別。在世界著名財經雜誌《福布斯》公布的全球最富有的企業家排名中，堤義明在1987、1988年連續兩年雄踞第一位，在世界上颳起了「堤義明旋風」。

堤義明的成功，與其父親有莫大的關係。1934年堤義明出生，因為母親是侍妾，他又不是長子，因此在家中的地位也十分低下，但堤義明很早就顯示了不凡的天分，他富有主見，精力充沛，雄心勃勃，上大學後和幾位好友一起創辦了日大學觀光學會，發動學生到西武企業去服務打工，表現出了很強的企劃和實踐能力，被同學們推舉為領袖。

堤義明的父親堤康次郎非常欣賞他，常常與堤義明到離家不遠的公園散步，灌輸給兒子待人處世和經營企業的道理。後來他還力排眾議，內定了這個在家族裡地位不高的兒子為西武企業王國的繼承人。有一天，堤康次郎把堤義明叫到自己的房間，神情極其莊重地說：「千萬記住，在我死後的十年裡，一定要照我的辦法做，只有忍才能守住我留下的產業。你即使有一千個絕對有把握的大計，也得拼死忍住，一個都不要做。守十年、堅持十年的忍受，過後你想怎麼做就隨你的想法去做。」兒子遵守了父親的訓誡，1964年到1974年，堤義明十年守業忍讓，守住陣腳不亂，靜觀事變，眼看著那些急於求成的企業在這段時間裡紛紛落馬。在他接管家業的第二年，日本正進入工業旺盛時代，而且在1964年東京奧運會過後，工商企業蓬勃發展，幾乎人人都肯定土地投資絕對是一本萬利的生意，但堤義明卻做出一項驚人的決定：「西武集團，退出地產界。」

此話一出，震驚了全日本的企業家。二十世紀六〇年代中期，在日本連傻子都相信，炒地皮就等於自己印鈔票。有人開始懷疑堤義明的能力，是否可以應付一個大企業的經營要求；有人開始中傷他，說他是沒有半點頭腦的草包。他手下的八大要員，大部分都主張繼續在土地方面投資，以便謀求最大利益，但沒想到堤義明完全否定土地投資的建議。堤義明的決定才是最後的決定，事後證明堤義明的看法果然沒錯，在過後很長時間裡，土地投資者在炒賣的漩渦裡受盡折磨，很多地產投機者都陷入困境。堤義明雖外表沉靜，內心卻活躍得很。事前他已經很小心地收集到了足夠的情報，他預計土地的問題是供過於求，土地的生意眼前的好景也就夠維持幾年的，只有即時收手，才不至於在大災難到來的時候燒得遍體傷痕。

但光守業靠忍讓，是不能颳起「堤義明旋風」的。十年甘於寂寞，到了1975年，堤義明在多種事業中全面出擊，酒店業、娛樂場、棒球隊等等上的投資，捷報頻傳。我們可以發現這裡的「忍」，不是無為，而是靜觀；這裡的「忍」，是在沉寂的表象下面，積聚爆發與突破的力量。

企業經營不能跟風，二十世紀的最後幾年，有多少企業被網路經濟的浪潮捲了進去，結果發現被攪動的泡沫遠比浪潮多，反倒是被泡沫嗆得喘不過氣來。企業家應該是站在最熱鬧的岸上而不溼鞋的那一種。

8 棄舊圖新 適應潮流

世界上不知道鐘錶的人不多，知道鐘錶而不知道瑞士鐘錶的人也不多，四百多年來，瑞士鐘錶以其多樣的步伐、準確的時間，走過了滄海桑田，但在他的發展過程中，還有一段曲折經歷。

瑞士鐘錶自建立起，就取得了很大的成就，在1876年引進美國的機械技術後，更是如虎添翼。二十世紀六〇年代，瑞士年產各類鐘錶一億支左右，產值四十多億瑞士法郎。瑞士鐘錶在世界一百五十多個國家和地區「走動」，世界市場的佔有率在50%～80%之間。二十世紀七〇年代前期和中期仍保持有40%以上，但輝煌常常就在火山口上，二十世紀七〇年代中期至八〇年代初期，日、美等國和香港地區鐘錶業迅速崛起，在競爭對手的「擠兌」下，「鐘錶王國」的王冠只有輝煌的餘輝了。它們在1982年度的世界市場佔有只剩下9%，而手錶年產量下降到五千三百多萬支，出口量從二十世紀八〇年代中後期的八千萬支以上，跌落到三千一百萬支，銷售總額更退居日本、香港之後居於第三位。市場競爭失勢，業界苦不堪言，兩家最大的鐘錶集團在1982年和1983年，累計虧損5.4億瑞士法郎，全國1/3的鐘錶工廠倒閉，數以千計的小鐘錶公司宣告停業，一半以上的鐘錶工人痛苦地加入了失業隊伍……瑞士鐘錶遭遇「停擺」。

眼看原本的「天之驕子」就要隕落，政府經過分析，發現銷售額的下降主要是因為過去的領導者因循守舊，不願變更所導致。為了扭轉衰落，瑞士七家銀行聯手投資十億瑞士法郎，買下國內兩家最大的鐘錶集團ASUAG、SSIH的98％的股票，並將這兩大集團合併，於1983年5月組建為阿斯鐘錶康采恩瑞士鐘錶業的「大本營」，並聘請具有創新意識的湯姆克擔任總經理。湯姆克本是個醫學博士，但他對鐘錶業有極大的興趣，在大學時就發現了瑞士鐘錶業存在的問題，並數次在社會上奔走呼籲，提出鐘錶業應該進行技術創新才能保持興旺發展。這一回，他臨危受命，肩負起振興「鐘錶王國」的歷史使命。湯姆克一上任馬上就棄舊圖新，摒棄前任領導者們對電子錶不屑一顧的封閉觀念，虛心學習對手的優點，開始追趕石英錶與電子錶的新技術潮流。許多人不敢苟同，覺得堂堂的機械錶製造的老大竟然向石英錶低頭，太沒有面子。但湯姆克認為，瑞士的鐘錶業在當時首要考慮的應該是生存問題。湯姆克同時讓員工認識到了與對手差距的電子錶可以組合在各種生活用具上，靈巧方便，價值僅幾十美元的石英電子錶月誤差不超過十五秒，而「機械錶之王」的勞力士的月誤差平均在一百秒左右，兩者相比石英錶無疑佔有絕對優勢。同時他還指出在未來的幾十年時間內，市場上手錶需求量最大的將是準確而價廉物美的石英錶，以及形同玩具的電子錶。

在他的鼓舞之下，公司很快推出了一批新式石英錶，其中最具競爭力的就是薄型Swatch錶被譽為振興瑞士鐘錶業「旗手」。這種圓形長針日曆錶，全蛔錶殼錶帶，錶身精美輕巧，並有許多不同的顏色，帶有草莓、香蕉等多種不同香味。由於採用最新的製造工藝，零件比一般手錶減少一半，且具有抗震性能強、防水性能好，並能承受得起三十公尺深的水壓等優點。在生產過程中，採用最先進的設備，因而性能穩定性很高，生產成本卻相當低，每支售價才三十美元。該錶問世後，銷量扶搖直上。湯姆克看準時機，再一次出手，這個時候，他已不滿足「Swatch」錶暢銷歐洲、南美、非洲、東南亞等地市場，他要「師夷制夷」，進佔石英錶和電子錶市場的「領兵羊」日本和美國。經過精心策劃和廣告促銷，薄型「Swatch」錶首批出口美國四百萬支，一下子就被搶購一空；接著又進軍日本，在那裡開設日本瑞士鐘錶公司，1986年時以每支七千日圓的價格，暢銷於日本市場。瑞士人又一次看到了瑞士錶在世界強勁的走勢，心花怒放。

在視機械錶為驕傲的氛圍中，成功地推出反傳統的電子錶，湯姆克在產品結構的調整上邁出了可喜的第一步。但他不滿足，很快地又再一次「棄舊圖新」了。過去瑞士的「勞力士」、「珍妮．拉薩爾」、「歐米茄」、「浪琴」、「天梭」、「雷達」等名錶，高檔的每支售價達上萬美元，但產量極小。這不僅不利於提高生產效率、降低生產成本，不利於穩定品質，也給工廠的管理帶來許多麻煩。湯姆克對「歐米茄」、「天梭」等錶的產品組合進行全面整頓，首先「多品種、小產量」戰略，縮小產品線的寬度，堅決淘汰一批利潤不高的品種；其次擴大生產的數量，進而大大地降低了生產成本，使手錶品質因標準化的提高而得以穩定；再次大力發展石英電子錶，使得歐米茄電子錶佔到整個歐米茄錶產量的50％以上，天梭電子錶佔到整個天梭錶產量的60％以上，均實現了以電子錶為主的經營戰略大產量、標準化。湯姆克的「棄舊圖新，領導潮流」策略終於使得瑞士鐘錶業再度輝煌：二十世紀八〇年代中期的世界市場佔有率又恢復到40％，成功地超過日本、香港鐘錶而奪回了失落的「鐘錶王國」的王冠，再度稱霸世界鐘錶業界。

其實，瑞士鐘錶業衰落的一個重要原因，就是對為自己創造了無比輝煌的機械錶特別珍愛，不容否定，而對自己首創的電子錶新技術視若兒戲，遲遲不願意推上生產線，而日本和香港地區的鐘錶廠商則敏銳地意識到電子錶和石英錶的未來前景，搶先一步走在前面了。這也教育了我們，死死抱定昔日輝煌不放是沒有出路的。

企業一定要做到棄舊圖新，當然棄舊不容易，倘若過去一窮二白、一貧如洗也罷了，沒有什麼可留戀的，扔了也就扔了，最怕過去風光輝煌，無人超越，要想了斷沒有足夠的勇氣和膽識是辦不到的。過去的燦爛是光環也是緊箍咒，讓許多昨日的思維方式和行為方式走出那個「怪圈」，湯姆克的「棄舊」首先是危機意識到死死抱定昔日輝煌不放，是沒有出路的。進而讓瑞士鐘錶業認清形勢，起死回生的辦法，就只有「圖新」。湯姆克以其傑出企業家的冷靜與果敢，勇於摒棄對電子錶不屑一顧的封閉觀念，學習競爭對手的長處，追趕並引領石英錶與電子錶的新技術潮流，在取得絕對優勢之後，殺了個「回馬槍」轉身進攻石英錶和電子錶暢銷的日本和美國市場，重振「鐘錶王國」的地位與尊嚴。

傳統的瑞士機械名錶，是靠「多品種，小產量」而贏得高檔、華貴聲譽的，湯姆克又以其企業家的求真與睿智，勇於否定自己，適應市場環境的變化，進行企業再造，實行「大產量、標準化」戰略，靠大產量降低成本，靠標準化穩定品質。湯姆克的卓越之處，在於勇於否定，否定一個「鐘錶王國」堅守的過去輝煌，接著否定企業保持的經營方式，他在否定中讓瑞士鐘錶在煉獄中獲得新生。

諾基亞公司舉世皆知，它的銷售網遍佈一百三十多個國家，比麥當勞多了十五個。另外，諾基亞同時還在十個國家建有工廠，在四十五個國家設有銷售辦事處。到底諾基亞是如何從芬蘭一個不顯赫的叫諾基亞的小村子裡一家木材工廠發跡，並成長為擁有四萬八千名員工，年銷售額達到一千一百八十億瑞典克朗的高技術跨國公司的呢？這是一個非常富傳奇色彩的成功典範。

1959年，卡里・凱拉莫從赫爾辛基的高等技術學校畢業，獲得工程學士學位。之後，他開始在芬蘭西南海岸比約納堡的一家製漿廠工作，並先後到巴西和美國發展。1970年，他回到芬蘭，擔任諾基亞負責對外關係的副總裁。1977年，他更榮任總裁。卡里・凱拉莫生活隨興，喜歡收集所有接觸過的文字資料，在他的辦公室裡經常堆滿文件、調查資料、備忘錄、專業雜誌等各類檔案，連搭飛機時也不放過收集資料的機會，他會帶著一堆報紙和一把剪刀走進機艙，然後，佔據一整排座位看報紙和做剪報。凡是認為對諾基亞有用的文章，他都要剪下來，然後加上評論，並把他指定去讀這篇文章的主管名字寫在上面。然後這些文章會被送到指定的人手裡，而且事後，凱拉莫也不會忘記向主管們詢問對文章的看法。

卡里．凱拉莫在諾基亞開始了一種新的管理模式，那段時間諾基亞員工的思想非常活躍，組織和工作方式都是臨時組合而成，沒有陳規戒律阻礙發展。每個人都感覺自己就是一代先鋒，很多好的構思和創意都產生於這個年代。在二十世紀八〇年代初，卡里．凱拉莫就意識到歐洲的未來在於一體化，並且認為芬蘭必須融入這一進程。在諾基亞，他也積極推動國際化戰略，但這時候，大部分人的思想都因循守舊，為了打開局面，他創辦了諾基亞大學，後來這個大學為凱拉莫在諾基亞積極推動國際化戰略和「要把工廠開到世界」的經營理念方面，起了宣傳、鼓動和傳播的作用。他還把給員工的座右銘從原來的「永遠不要靜止」改成了「持續更新」。正是凱拉莫開放了諾基亞人的眼光，奠定了其走出「國門」的基礎。一個企業家的偉大之處，在於他在員工心裡播下思想的種子。

凱拉莫去世後，由於缺乏合適的領導人，諾基亞又趕上了經濟暴跌的厄運，這樣在九〇年代初企業馬上就面臨著崩潰的命運，人們都希望有個人能夠出現力挽狂瀾。於是，約瑪．奧利拉登上了諾基亞的歷史發展舞臺。

1950年，約瑪．奧利拉在芬蘭的庫里卡鎮出生。在他當上芬蘭一家分行的主管時，一次對諾基亞現狀的評估中，他發現諾基亞在與外界交流中存在嚴重的缺陷，諾基亞缺少那些迅速成長的企業所要求的組織形式。於是，他建議諾基亞總裁卡里．凱拉莫進行徹底的組織革新，他的想法得到了總裁的賞識，立即被任命為外聯部主管。凱拉莫自盡後，危機緊隨而至，諾基亞的管理層開始了大換血。1991年12月，在一次重要的諾基亞董事會後，約瑪．奧利拉被任命為新的總裁。剛開始，諾基亞的員工對這個新總裁沒什麼期待，但奧利拉很快就顯示出了過人的才智。首先，他開始「變賣」家產，很多人們都不理解，他告訴人們：把其他部門賣掉，就是為了保證行動網路和行動電話業務的持續發展。他的種種努力很快看到了結果，1992年最後一個季度的資料已顯示出效益的增長。到1993年，諾基亞已經擺脫危機的陰影走向光明。隨著收益曲線的上升，奧利拉的信任度也以同樣的速度增長。從此他有了自信，就更辛勤地穿梭於世界各地諾基亞的企業，但卻從不居功，他總是強調成功是集體努力的結果，是諾基亞所有四萬八千名員工共同的成就。

奧利拉最大的實力，就在於對他人的理解。他做出的任命被一次次證明是成功的，他總是能為合適的人找到合適的工作。奧利拉管理哲學的基礎是「不斷攪動鍋裡的水」，沒有人在同一個職位工作太長的時間，各個階層的員工都應不斷地變換職位，接受新的挑戰。在人員內部流動上，諾基亞應該保持了世界紀錄。在走向工作職位前，所有諾基亞的新員工都會得到一個手冊，上面寫著這樣一句話：「你為諾基亞做得越多，諾基亞也就能為你做得越多。」另外，奧利拉最看重的還有他的組織，對奧利拉來說，公司的產品應該完好無缺地出廠，所有的配件應該輕鬆獲取，在工序中都不應該出現瓶頸，員工們必須百分之百地將注意力集中在生產上。奧利拉成功之處還在於他會做「減法」，一些產業或產品沒有前途就要捨棄，而且要堅定、有勇氣，也許在懷疑的過程中，新的機會就會溜走了。

實際上，他還教會了諾基亞做一道題，就要全神貫注、全力以赴地把它做好。不像現在的許多企業院牆還沒有砌結實，就想到遠處蓋高樓了，想法是好的，就是著急吃不了熱豆腐。

第3篇

將簡單的事情做到了不簡單

1 合理安排工作步驟

世界上有很多著名的管理者，很多著名的企業在他們的指導下產生，但被後世人尊稱為「科學管理之父」的人，卻只有一個，那就是弗雷德里克·溫斯洛·泰勒。很多人對這個名字可能有點陌生，到底弗雷德里克·溫斯洛·泰勒做出了什麼突出貢獻，讓人們如此尊敬他呢？

1856年，弗雷德里克·溫斯洛·泰勒出生於美國賓夕維尼亞的傑曼頓，從小雙親就希望他能繼承父業當一名律師。泰勒學習勤奮，以優異的成績考入哈佛，但由於健康和視力欠佳，他不得不從法律學院轉到費城的一個水壓工廠去當模型工和機工學徒。學徒期滿他又來到費城米德維爾鋼鐵廠當一名普通工人。他在這個工廠做了十二年，只用了六年時間，就成為了總工程師。這期間，他就開始進行了管理實踐。1898年，泰勒到伯利恆鋼鐵廠工作。

在這期間，生鐵的價格急劇上漲，工廠生意不錯，但工人們經常出現疲勞現象，疲勞讓工人們的生產效率下降，且出錯現象時有發生，領導者都非常頭痛。這時候在日本的公司裡，實行的都是標準工資制，工人每天可以賺到1.15美元，在年終時經過普查好的工人可以得到獎勵，慢的也要受到懲罰。

受到這些事情的啟發，泰勒想到了一個好方法，他和同事們一起對工人的行為進行了長時間的研究，內容包括：①從車上或地上，把生鐵搬起來需要幾秒鐘。②帶著所搬的鐵塊在平地上走，每英尺需要多長的時間。③帶著所搬的鐵塊沿著跳板走向車廂，每步需要多長的時間。④把生鐵扔下是幾秒或放在堆上是幾秒。⑤空手回到原來的地方，每走一英尺需要多長時間。據此他們安排了最快捷的搬運途徑，然後他選了幾個工人，允諾給他們較高一點的工資，條件是他必須按照要求工作，結果很快就取得了成功，同樣的工作所需的時間比以前縮短了很多，越來越多的工人要求接受這種訓練。

泰勒發現採用這種科學的方法對工人進行訓練，並把工作和休息的時間良好地搭配起來，工人平均可以將每天工作量提高到四十七噸。而且負重搬運的時間只有42%，其餘的時間是不負重的，工人也不感到太疲勞。同時，採用刺激性的計件工作制，工人的工作興趣也日益高漲。事實證明泰勒的想法是正確的，直到今天，他的這種管理辦法依然得到廣泛的使用，或者說是效法。

無獨有偶，聯合郵包服務公司（UPS）之所以能實現它們的宗旨，實現郵運業中最快捷的運送，雇用了十五萬員工，平均每天將九百萬個包裹發送到美國各地和一百八十幾個國家。USP的管理就採取了統一的培訓方法，工程師們對每一個司機的行駛路線都進行了時間研究，並對每種送貨、暫停和取貨活動都設定了標準。這些工程師們記錄了紅燈、通行、按門鈴、穿過院子、上樓梯、中間休息喝咖啡的時間，甚至還有上廁所的時間，將這些資料登錄進電腦中，然後給出每一個司機每天工作的詳細時間標準。司機們嚴格遵循工程師設定的程序，當他們接近發送站時，他們鬆開安全帶，按喇叭，關發動機，拉起緊急制動，把變速器推到一檔上，為

送貨完畢的啟動離開做好準備，這一系列動作嚴絲合縫。然後，司機們從駕駛室溜出到地面上，右臂夾著文件夾，左手拿著包裹，右手拿著車鑰匙。他們看一眼包裹上的地址，就得把它記在腦子裡，然後以每秒三英尺的速度快步走到顧客的門前，先敲一下門以免浪費時間找門鈴。送貨完畢後，在回到卡車上的途中完成登記工作。

這種刻板的時間表，雖然看起來有點繁瑣，但它確實帶來了高效率，在這些時間安排下，工人們可以完成每天取送一百三十件包裹的目標。生產率專家公認，UPS是世界上效率最高的公司之一。舉例來說吧！聯邦快遞公司平均每人每天不過取送八十件包裹，而UPS是一百三十件。在提高效率方面的不懈努力，對UPS的淨利潤產生了積極的影響。雖然這是一家未上市的公司，但人們都認為它是一家獲利豐厚的公司。

2 不在逆境中放棄

當天空一架架飛機飛過的時候，通常人們的腦海裡都會顯現出「波音」兩個字，長期以來它壟斷著全球的飛機市場，很少有開通飛機航線的國家沒有選用波音飛機。但很少有人知道，它的成功還是一個永不放棄、執著追求最終目標的典範。

1881年10月9日，威廉・波音出生於美國東北部著名的汽車城底特律市。原本生活無憂無慮的他，因父親的早喪而過早地嚐盡了生活的艱辛，也累積了很多的管理經驗。到了1903年，年僅二十二歲的他已經擁有了一片屬於自己的林場和家具製造廠。這時候的他意氣風發，對未來充滿希望。1903年12月17日，美國的萊特兄弟製造的世界上第一架飛機試飛成功，在社會上引起了極大的轟動。1914年7月4日，美國西雅圖市舉行盛大的國慶慶祝活動，一名飛行員做飛行表演。波音非常幸運地第一次坐上了飛機，感受了飛機所帶來的神奇魅力，從天上回到地下，一個偉大的念頭就在他心中產生了：辦一家飛機製造廠。

此後，他一直努力尋找機會，終於在1916年7月4日創建了太平洋航空製品公司，也就是後來的波音飛機公司。但公司的發展並不順利，經營一年即陷入了困境，負債多達三十萬美元。波音不得不做回老本行，以生產家具來維持生計。公司的很多技術人員紛紛離開，但波音沒有放棄，他將困難放在身後，向前繼續尋找新的機會。當時，美國的航空郵件是由「DH-4型」飛機來運送的，這種飛機所採用的水冷式引擎容易起火，很多飛行員因此而喪生，大批航空郵件被焚燒。郵政當局為改變這種狀況而推出招標計畫，希望飛機製造商能提供新型飛機以取代「DH-4型」。波音得知消息後，立刻抓住了機會，他利用已經研製成功的氣冷式引擎，製造了「波音40A型」飛機，這種氣冷式引擎飛機，不易起火，安全可靠，造價低，最後在招標投標競爭中獲勝。之後，他又開創了美國第一條國際郵政航線，波音公司因此起死回生，不需要再生產家具了。

1920年，美國軍方開始招標購買戰鬥機，一直堅持

「追求新高度」的波音公司，以其先進的技術睦能和可靠的安全品質，贏得軍方的招標。軍方的訂貨使波音公司在二十世紀二〇年代將近十年的時間，得到了長足的發展，他又開闢了芝加哥三藩市、西雅圖洛杉磯兩條空中郵路，研製出了性能優良的B-247型客機。但天有不測風雲，1934年2月9日，羅斯福總統簽署了「由陸軍接管一切私營郵航合約」的命令。該項命令一實施，波音公司馬上失去了主要利潤來源，又一次陷入了危機。

波音公司沒有放棄，在那段艱苦的日子裡艱難支撐，苦苦尋找著機會。厄運並沒有持續太久，後來隨著航空市場的興旺，波音公司又走出困境，還在軍用和民用兩個市場上不斷發展。在第二次世界大戰中，波音公司的飛機B-17、P-26，以及1942年推出的四引擎B-29超級空中堡壘重型轟炸機，天馬行空，大出風頭。1944年，波音公司的銷售額急劇上升到六億美元，成為一家實力雄厚的大型公司。二十世紀六〇年代後期，波音公司加大力度，趕緊將其軍用飛機方面的技術，轉用於大型噴氣式民航客機方面的開發。今天，由波音公司開發的「波音-7X」系列飛機以其快捷、舒適、安全、經濟，而成為世界各國民用航空中的最主要機型。每當天空又有飛機飛過，我們相信那是波音公司不斷追求新高度的結果。

雖然說市場不斷在變化，熬過黑暗又會迎來黎明，但波音公司幾次能夠起死回生，重振雄風，不是等來的「風水」，而是它能夠堅持不懈，持之以恆的結果。

另外，波音公司還制訂了「不斷追求新高度」的經營戰略，正是這樣才讓它即使在順境中也能不斷地進取。波音公司的後繼者們，憑藉波音所開拓的道路和他那成功的經營戰略，最終都能不斷衝破烏雲。波音的成功還在於他追求服務品質，1933年波音公司推出B-247型客機後，曾直接承擔過客運業務。當時客機上配備的都是男性服務員，但很快公司就發現男性服務員雖然辦事果斷，但性子急躁，和乘客頂撞、爭執的事時有發生。他們立即對此研究改進，於是世界上第一批「空中小姐」應運而生，收到了很好的效果。

3 將簡單的事情做到不簡單

麥當勞在世界上享譽盛名，它的分店分佈於世界上各個地方，而且還在不斷擴大。綜觀麥當勞的發展歷程，你會發現它所提供的經驗只有一條：品質，服務，衛生，價格。這樣的經驗一點都不複雜，難的是數千家分店都保持一貫的高品質。

1928年，莫瑞斯．麥當勞和理查．麥當勞兩兄弟從新英格蘭來到加利福尼亞創業，他們於1940年在帕薩德開了一個餐廳，但餐館的生意並不好。經過調查，他們發現那些上班的工人們因為工作緊張，很少有時間能停下來吃飯，他們很快想到了辦法，只用紙盤子供應漢堡、飲料和法式炸雞。這些東西都在事先準備好，統一化，這樣就可以節約大量的時間。1948年他們在聖．波那迪諾開了一個自助漢堡攤位，只用紙盤子供應漢堡、飲料和法式炸雞。這種經營模式非常成功，年盈利達七萬五千美元，不久就有人提出申請特許經營權，但兄弟倆住在一個小鎮中，不願將生意做得太大。如果沒有奇蹟出現的話，也許麥當勞現在也只不過是那個小鎮上的特色風味而已。

幸運的是雷．克羅克出現了。1954年，克羅克在推銷一種能攪拌六種牛奶霜淇淋的電動攪拌器，可以同時攪拌六種牛奶霜淇淋。一次，他接到一份來自加利福尼亞聖．波那迪諾的訂單，讓他吃驚的是，一個小漢堡攤位的訂貨單，上面竟然寫著八個攪拌器。他決定去看看，他來到了麥當勞以後，吃驚地看到成群的人排隊等在金色的拱門下。克羅克立即看到了商機，他苦苦懇求了兩天，麥氏兄弟終於答應賣給他特許經營權。一年後，克羅克以兩百七十萬美元買下了麥當勞，包括商標、版權、配方、金色拱門及名稱。之後克羅克不斷擴大連鎖店，到1960年他已經賣了兩百家特許經營部。在此期間，他找到了一個舊合作夥伴——哈利．索尼布恩，在索尼布恩的建議下，克羅克開始了一種新的經營之道，即所有的特許經營權申請者都只能做為租戶，由公司選定地點，建造店鋪，提供設施，然後將所有的設備租給經營者，而此經營者必須繳納一定的租金。這樣，麥當勞不僅能得到特許權經營費，而且能獲得租賃費。這個政策將麥當勞推向了一個更大的成功，後來在僅僅二十二年中，公司營業額就達到了十億美元。

經營擴大後，一些經營者開始放鬆管理，漸漸在一些地方出現了顧客的投訴問題，為了貫徹「Q．S．C．V」（品質，服務，衛生，價值），克羅克於1963年開辦了他的「麥當勞大學」（最初叫「漢堡學校」）。凡新招進來的員工，都要接受至少十天以上的訓練後才能正式上崗，而各個分區的經理、助理、監察員或高級管理人員，也必須接受麥當勞大學的培訓；凡進入公司工作六個月以上的員工，可以自願報名進修，畢業後就可擔任「專業經理」。培訓內容主要是理解和掌握「Q·S·C·V」宗旨，熟悉公司品質手冊中詳細的條文內容，包括管理、設備和食譜三大項。麥當勞大學還設有研究所，是麥當勞高級職員進修的場所，其課程主要有經營管理、市場研究等。開辦「大學」後的第二年即1964年，麥當勞在全美已有六百三十七家分店。之後他將麥當勞速食店的店面擴大，裝配舒適、雅致的桌椅，將過去的「路旁售賣」變為「店內就餐」，將「交通便捷處」設店，變為「繁華鬧市區」設店。

為了保證品質，麥當勞制訂了苛刻的標準，規定了各種操作流程。例如，牛肉餅要經過四十多項檢查，漢堡製作超過十分鐘、炸薯條超過七分鐘、牛肉餅出爐超過十分鐘、蘋果餅出爐超過一小時，如果未能即時售出去，就不能再賣給顧客。標準、服務、衛生、經營等多方面的條件，麥當勞都做得盡善盡美，一個企業的成功並沒有什麼神祕莫測的東西，它只不過是提供了一些取悅顧客的服務，並要比競爭對手做得更好一點即做得持久。

4 深入基層，以人為本

本田公司是世界上有名的汽車製造商，在日本居於霸主地位。但在二十世紀的五、六〇年代，日本居霸主地位的是東菱公司。本田公司到底是怎麼趕上並超過了東菱公司呢？這與他的總裁本田宗一郎的開明管理有莫大的關係。本田宗一郎有兩個制勝法寶，一是搭建了金字塔式領導體制，二是乘著升降機式領導方式。做為董事長，本田處於金字塔的塔尖地位，他可以居高臨下，直接俯視整個企業的運轉情況。但他並沒有這麼做，每當有重大決策的時候，他總是會深入基層觀察、研究後再回到自己的位置上做出決策。

1963年，本田公司生產出第一批汽車。但六〇年代後期，日本汽車業市場極不景氣，一片混亂。當時外國資本湧入，日本經濟受到嚴重影響，許多勢單力薄的汽車製造商，紛紛尋找大廠合併。本田公司在這種情況下進入汽車市場，帶有很大的冒險性。本田沒有盲目做出決定，而是下到基層，與公司的中層主管和基層的技術骨幹，共同商討本田汽車的出路所在。最後他們深信，只有準確找到適合自己的獨特的發展之路，才能夠發揮出本田的優勢，後來居上。就這樣到1972年，本田成功地研製出排氣量低於日本政府公布排放廢氣規定值的低公害汽車「CVCC」，震驚整個汽車業界。許多著名的廠商，包括豐田、福特、克萊斯勒等世界汽車業界的老大，都紛紛屈尊購買該項技術。

在本田公司進軍摩托車市場時，在世界市場稱雄的是英國廠商。本田宗一郎便到英國去考察，購買技術設備。1954年，當他看到英國生產的250毫升36馬力摩托車的「飛行」時，驚嘆不已。因為本田公司生產的250毫升13馬力的摩托車只算得上是一種動力自行車。回國後，他立即徵求員工們的意見，與他們一起將國內、外摩托車反覆進行比對，最後找出了問題的癥結所在。經過多年的不懈努力，1958年8月終於推出了本田C-100型「超級小狼」摩托車，很快便風靡世界。在1959年的摩托車世界大賽上，該車榮獲「製作獎」，在1961年的世界大賽上，該車一舉囊括了前五名。從此本田摩托車成了世界摩托車市場上的優秀品牌，一度曾獨佔世界1/4的摩托車市場。在國內，本田領先的地位也越來越明顯，二十世紀六〇年代前期的市場佔有率就上升到44%，成為不可動搖的「霸主」，1968年時摩托車產量累計突破了一千萬輛。本田公司的前進速度，使得東菱公司的市場佔有率不斷下降，虧損額卻不斷上升，不得不於1964年2月宣告破產。

靠員工就要得到員工的支持，本田時時刻刻都不忘用「慈愛主義」來澆灌這個塔基。在本田公司，員工們所得到的報酬是日本汽車業最高的。公司還為員工配備廉價住宅、安排度假、提供收費低廉的醫療保健等，而且員工擁有公司股權的10％以上。為了讓塔基牢固，本田千方百計將年輕力量充實到這裡，本田公司的員工在三十五歲的時候，大多升任主管或成為技術骨幹了，而在日本其他公司，則要等到四十五歲左右。

其實，本田宗一郎的金字塔式領導體制和升降機式領導方式一點也不神祕，它不過是「以人為本」的人力資源激勵戰略，只是本田宗一郎將「塔基」紮得更實，讓「塔尖」更輝煌。「升降機」也不過是走群眾路線。經營大師與眾不同的工夫說來非常簡單，只不過將許多別人用過的東西用得更好而已。

5 根據企業所處的環境處理問題

1899年，喬瓦尼·阿涅利（Giovanni Agnelli）創辦了飛雅特汽車製造廠，後飛雅特公司迅速發展，成為世界上最大的汽車公司之一。但到了二十世紀七〇年代，由於國際汽車市場疲軟，加上公司內部出現了管理問題，公司連年虧損，飛雅特汽車公司經歷了歷史上最不堪回首的日子。

這時候，四十七歲的維托雷·吉德拉接任了公司的總經理之職，他很清楚企業所存在的問題主要是機構重疊，效率低下，而大多數領導階層缺乏果斷的判斷力。上任後的吉德拉，召開了公司管理人員全體會議，沒有絲毫的猶豫就制訂了大幅度的調整方案。首先，他關閉了旗下的幾家汽車分廠，淘汰冗員，員工總數一下子減少了三分之一，由十五萬人降至十萬人；然後，他對飛雅特汽車公司的海外分支機構進行調整。這些海外機構數量眾多，但絕大部分效率低下，所需費用卻很龐大，經常是入不敷出，成為公司的重包袱。吉德拉毫不猶豫地撤掉了一些海外機構，他停止在北美銷售汽車，還砍掉了設在南非的分廠和設在南美的大多數經營機構。但他的「精簡高效」遇到了強大的阻力，飛雅特汽車公司的員工人數在義大利首屈一指，被稱為「解決就業的典範」，這次裁減人員的數量如此龐大，自然引起各方議論，但吉德拉絲毫不為所動，堅定地完成了計畫。

然後，他立即著手對生產線進行改造。吉德拉透過在工廠的實地調查，認為公司技術落後、生產效率低下，是造成它陷入困境的重要原因之一。吉德拉大量採用新工藝、新技術，利用電腦和機器人來設計和製造汽車。正是根據電腦的分析，使汽車的部件設計和性能得到充分改進，達到更為科學和合理化，勞動效率也隨之提高。新工藝、新技術的採用，帶來的另一個結果是公司的汽車品種和型號大大增加，更新換代的速度大大加快，增強了飛雅特汽車的市場競爭能力。

最後，他又開始進行對汽車銷售代理制的改革。

過去，飛雅特汽車的經銷商不需墊付任何資金，而且在銷售出汽車後，也不即時將貨款匯回飛雅特，而是佔壓挪做他用。這使得飛雅特的資金週轉速度非常緩慢，加重了公司的困難。吉德拉對此做出了一項新的規定：凡經銷飛雅特汽車，必須在出售汽車前就支付汽車貨款，否則不予供貨。此舉一開始施行，就引起了汽車經銷商的強烈反對，但吉德拉始終堅持己見，從此大大提高了飛雅特汽車公司的資金回收速度，減輕了公司的財政困難。透過這一系列的改革，終於取得了顯著的成效，重新煥發了活力。

吉德拉的成功來自他走群眾路線，他的改革措施並不是隨意而出，而是來自與員工溝通獲得的靈感、智慧和動力。所有正確的決策，都是建立在對企業內、外環境的準確研究與判斷的基礎之上。另外，他的改革措施也是有先有後，先易後難，有章有法。先從內部精簡開始對冗員下手，增強大家的危機感，等大家的情緒穩定了，而且改革的熱情高了，技術改造也就順理成章。最後，在兩項內部改革達到了提高生產效率、增強競爭能力的時候，再將最難的問題資金問題提了出來。

6 如何減少企業成本

如果要談到降低成本，可能世界上沒有京都製陶公司做得更好，它採用了一種特別的管理方式，讓公司裡的每個員工都清楚各個成本的價格，共同為成本的價格做出貢獻。這種管理方式被人戲稱為「變形蟲式」管理。

在京都製陶公司，組織是由一個個被稱為「變形蟲」的最小單位構成，整個公司共有一千多個「變形蟲」小組，員工一萬三千多人，每人都從屬於自己的「變形蟲」小組，每個「變形蟲」小組平均由十二、三人組成，根據情況的不同，有的小組有五十人左右，而有的只有兩、三個人。工作中每個小組都要算出原料的採購費、設備折舊費、消耗費、房租等各項費用，然後根據營業額和利潤，計算出京都製陶獨有的概念——「單位時間的附加價值」。從作業流程中前一個小組買入材料，扣除其中所耗費用，再根據把加工後的產品賣給下一個小組的銷售額計算出利潤，就可以得出每個員工在每個單位時間內所創造的附加價值，這就是「變形蟲」小組的構成方式。每個小組採購半成品的費用，都按一般的市場價格，向下一個小組賣出時仍是按照市場價格。公司會按月公布各小組每單位時間內的附加價值，各個小組當月的經營狀況、每個組員及小組所創造的利潤，及其佔公司總利潤的百分比等等，都一目了然。

這種管理的方式也是被迫產生的。在京都製陶公司開業不久，就接了松下電子的顯像管零件U型絕緣體的訂單。這個開始確實給他們帶來了利潤，但好景不常，松下電子接下來的每年都提出降價要求，甚至要求把年度結算資料拿給他們過目，滴水不漏地審查、追究。最後京都製陶提出只拿5％的適度利潤，但仍遭拒絕。

憤怒的京都製陶員工發現，在市場競爭機制的調節作用下，只有不斷努力去降低成本，讓自己的成本價格永遠低於市場價格，才能獲得利潤。利潤沒有盡頭，努力也不會到頭，就這樣全廠奮發圖強，才產生了「變形蟲」管理體制。京都製陶裡，即使是負責打包的老太婆，也可以明白打包的繩子一根原價是多少，浪費一根繩子就會使利潤下降多少，單位時間的附加價值會減少多少等。而且根據捆綁的貨物要求的不同，繩子就盡量買便宜的用，單單這樣就可以節省經費，降低成本。員工們對這種管理方式感到既新鮮，又實用。只要會加、減法，誰都可以計算。大家不斷制訂自己每天的目標，並為達到目標而動腦筋想辦法，每個人對自己的工作都有自主權。「變形蟲」也讓管理變得透明了，哪個小組營業成績沒有提高，馬上大家都知道，可以即時將小組重新組合。另外，公司可以直接比對生產活動與產值，透過數字把握內部日常活動狀況或生產動態，如原物料、經費的上升等等。不論哪個部門效益下降，都能立即判明，迅速採取對策。

與其求人施捨，不如自己爭口氣。企業經營與做人一樣，都需要骨氣。京都製陶公司人員在松下電子公司面前的低三下四，結果只能是失敗，因為市場上，不相信弱者的眼淚。世界上沒有哪個公司從一開始就註定要成功，其實任何高明都是被逼出來的，關鍵是我們在遇到困難的時候，能夠正確對待，迎難而上。

7 真心管理員工

二十一世紀，最重要的是什麼？人才。這應該已經是每一個公司管理者都熟識的話語，但每天還是有很多公司因為人才的問題而倒閉。下面就讓惠普公司來告訴你怎麼進行人才的管理吧！

1938年，美國史丹佛大學工學院的威廉．惠立特與大衛．普卡德合作，利用借來的一千六百美金，成立了「Hewlett-Packard」公司（簡稱HP公司）惠普公司。在大學研究的經歷讓他們深深感受到：對一個企業來說人才就是資本。他們相信人才是知識的載體，知識是人才的內涵，而知識就是財富，所以人才是企業不可估量的巨大資本。

說好不如做好，在公司裡惠立特和普卡德最常做的就是讓員工們感受到，惠普的每一個人都是重要的，每一項工作都是重要的。他們除了加強對員工的學習、培訓外，還十分重視全體員工的物質利益。在創業初期比較困難的情況下，惠普還對員工實行一項獎勵補償計畫：如果生產超過定額，發給較高的獎金。後來又進一步推行「利潤分享」制度，鼓勵全體員工同心同德、共創輝煌。惠立特和普卡德看重每一個員工，公司對員工實行「一經聘用，絕不輕易辭退」的政策，他們也確實做到了這一點。一次，在困難時期，接到了一批軍事訂貨單，如果做完這一筆訂單就可以給公司帶來一筆不菲的收入，但惠立特還是果斷地拒絕了。他知道當時公司人手不夠，加工這批訂貨要臨時增添十二個人，合約完成後就要立即裁減，這不符合他們「絕不輕易辭退」的用人原則。他們不能只看到眼前的利益，就不考慮員工的價值。

除了保證員工的物質利益外，惠立特和普卡德還創造了惠普濃郁的人本管理氛圍。他們鼓勵員工參與管理，提倡個人的自由和主動性，維護每個員工的自尊並讓他們充分發揮自己的能量，是惠普管理方式極其重要的組成部分。惠普實施「目標管理」的管理政策，在此政策下，人們能夠靈活地用自己認為最適合完成所承擔職責的方式，去致力於實現公司的發展目標。惠立特認為：要實現公司的目標，必須得到員工的理解和支持，允許他們在致力於實現共同目標中有靈活。這樣就實現了「個人的自由和主動性」與「目標的一致性」相協調。另外，在人事政策上他們也採取「分享」制度：員工分享目標管理體系中各個部門乃至每個人的責任；每個人都可以透過購買股票分享對公司的所有權，分享公司的利潤，分享個人職業發展的機會，以及分享由於生意偶爾出現下降而造成的負擔。

在公司裡，他們還努力創造上下之間融洽的管理關係，除少數的會議室之外，公司的任何一級領導者都沒有單獨的辦公室。各部門的全體職員，都在同一個大辦公室裡辦公以利於創造上下級之間融洽合作的氣氛，以期每個人都能無拘無束地工作。此外，對包括董事長、總經理、部門經理在內的各級領導者，均直呼姓名，以利營造平等、親切的氣氛。不僅如此，他們還著力營造整個公司內人與人之間的團結協作的氛圍，使得惠普公司的全體人員之間與創業之初幾個人一樣，同心協力、融洽合作。

回過頭看一下，其實惠普的管理公式非常容易，他們的成功在於對員工的管理和愛護已超出了企業的盈利目的，而是用自己的真心去付出，設身處地為他們著想，真心的付出總是會得到回報的。

8 夢想與年齡無關

你是否因年齡的增長而放棄過自己的夢想？如果是，趕快重新開始吧！因為玫琳．凱會告訴你，年齡永遠都不是問題。

玫琳．凱的身世十分坎坷，她出生的時候，正值第一次世界大戰期間。等戰爭的硝煙剛散去，他的父親又得了肺結核病。因而年僅七歲的她不得不整日留在家中照料父親。到了十七歲，在她還沒有來得及展開抱負的時候，脖子上就掛了婚姻的枷鎖。八年後，丈夫拋棄了她，只留給她三個孩子。面對不幸，玫琳．凱樂觀地生活。她在美國斯坦利．霍姆公司當推銷員，工做出色，又重新組織了家庭。

1962年，玫琳．凱退休回家，誰都認為她的一生就這樣了，然而她從未放棄過想擁有自己的事業的夢想。1963年9月13日，她以五千美元資本創辦玫琳．凱化妝品公司。公司有一間面積為五百平方英尺的店面，二十歲的兒子理查在當她的助手，還有九名熱心的女性職員是玫琳．凱招募來的第一批美容師。以往的經驗告訴她，企業成敗的關鍵在於：是否尊重每一個員工。她首先將重視員工的著眼點放在了員工「對顧客負責，為顧客服務」上，在她的努力下產品品質得到了有效的保證。

另外，玫琳·凱為公司制訂了「個人式溝通」的管理制度。她認為家庭應在個人事業之上，在處理好家庭的基礎上，才能毫無後顧之憂地投身事業。因此，玫琳·凱化妝品公司的大多推銷員均能夠自行規定上班時間，這個措施受到了廣泛的歡迎，此外她也在別的方面關心員工，聽取他們的意見和建議。公司每個員工生日時，都會收到一份生日卡和兩人份的免費午餐招待券；「秘書週」的時候，所有秘書都會獲得一束鮮花和一個有紀念意義的咖啡杯；而新的員工進入公司第一個月內，會獲得玫琳·凱的親自接見，並被徵詢是否適應所擔當的工作；公司員工有什麼委屈、困難，都可以直接找玫琳·凱申訴和反映。她還經常運用種種「讚美」來推動員工積極向上，公司裡有一系列「讚美」的措施每位推銷化妝品的美容師，在第一次賣出一百美元的化妝品後，就會獲得一條緞帶做為紀念；公司每年都要在總部的「達拉斯會議中心」，召開一次盛況空前的「年度討論會」，參加討論會的是從陣容龐大的推銷隊伍中推選出來的代表。會上，讓有卓越成績的推銷員穿著代表最高榮譽的「紅夾克」上臺發表演說；為成績最好的美容師頒發公司最高榮譽的獎品鑲鑽石的大黃蜂別針和貉皮大衣，並在公司總部最顯眼的地方掛上一張比真人還大的照片；在公司發行的通訊刊物《喝采》月刊上，把公司各個領域中名列前茅的一百人的姓名與照片刊載出來。

其實玫琳．凱的「個人式溝通」管理，也不是什麼高深的理論，關鍵是她能夠身體力行。這一點說得容易，最難的是堅持。雖說現在也不乏看到老闆的身影與員工在一起，但大多數是聯歡的時候，老闆來敬酒了；開會的時候，老闆來做總結了；頒獎的時候，老闆來講話了……到了比老闆更大的官們來了，老闆陪著來參觀了。你說這樣的老闆能贏得員工的愛戴嗎？

玫琳．凱是成功的，有人說在二十世紀影響世界的女人中，她無疑是最有影響的一位。這不僅是因為玫琳．凱公司的化妝品品質優良，在全球市場上具有一定的影響力，也不僅是因為她的公司在創辦十年後，便擁有十幾萬推銷大軍、幾億美元的年銷售額和幾千萬美元的利潤額，更為重要的是：玫琳．凱以一位退休了的、當了祖母的女性，以僅有的五千美元積蓄，不甘寂寞，以超人的勇氣與毅力搏殺於市場風浪之中，成為世界婦女成就事業的光輝榜樣。

9 做事要有完全準備

1923年，麥肯錫公司創立，現在已經成為世界上最成功的戰略諮詢公司。目前它在世界各地一共擁有七十五家辦事機構，雇用了四千五百名專業人員。也許它並不是世界上最大的戰略公司，但可以肯定的是，它是最有聲望的戰略公司。麥肯錫的諮詢對象包括《財富一百大》中的大多數企業，還有許多國家和地區的政府機構以及外國政府。在國際商界，麥肯錫這個牌子已享有盛譽。其實麥肯錫成功的方法非常簡單，他講究的是無論你做什麼事情都要有萬全的準備。

這一點，在麥肯錫公司的員工因公旅行的時候，表現得最為明顯。員工們在出門前總會確信自己要帶的東西必須包含：旅行計畫的副本、要見的每一個人的名字和電話號碼的名單、一本好書。同時他們也許還會帶一些大家看來很瑣碎的東西：譬如服裝上，他們會考慮多帶一件襯衫或一條褲子，對男士而言，多帶一雙舒服的平底鞋；休閒服裝，他們會考慮帶一件喀什米爾的毛衣，那樣在飛機上可以保暖和舒服一些；工具，會包括便箋紙、方格紙、送給客戶的任何東西的副本、HP12C計算機等等。

他們之所以準備這麼多的東西，就是為了給自己做好萬全的準備，確保當你正需要什麼東西的時候都不會束手無策。

看到這兒，我們也許才真正發現原來出門在外還有這麼多的學問。

第4篇

理念　一項基本建設

1 為企業取個好名字

人如其名，是中國很早的一句俗語，說的是名字對人的重要性，其實這個道理對企業也是一樣。如今，雀巢系列飲品已風靡全球，可是很少有人知道它還經歷過一陣子的改名風波呢！

1866年，佩奇兄弟在瑞士的查姆索開設了一家煉乳廠英瑞煉乳公司。一年以後，他們與瑞士一家專為嬰兒製造乳製品的工廠合併了。合併後，兩家立即為商品的名稱產生了爭執。

過去，亨利．內斯特爾（Henri Nestle）的公司是在產品名稱的旁邊加一個鳥巢來點綴。因為內斯特爾（Nestle）是法國的姓氏，在法文中沒有和內斯特爾（Nestle）有關的雙關語，但它卻可以和德語的鳥巢（Nest）聯想在一起。於是，以「鳥巢」為商標，可以讓大家聯想到內斯特爾（Nestle）與鳥巢（Nest）的關係；再想到鳥巢，也就想到嬰兒食品。但現在他的夥伴不同意這麼做，勸他拿掉鳥巢而換成瑞士國旗，這樣產品在瑞士可能更好銷售。但是內斯特爾對鳥巢商標的永久性價值非常有信心，因此他顯得很倔強，堅決不放棄。

有些人還在背後造謠生事，認為「鳥巢」是內斯特爾家族的家徽。但內斯特爾抵制住了壓力，沒有用國旗，而堅持用蘊含家庭溫暖的鳥巢做了商標，在以後的發展發揮了很大的作用。後來這種產品打進了華人市場，將Nest（德語）譯成「雀巢」，「雀巢」比「鳥巢」更貼切。這個商標的命名，使雀巢奶粉在中國的消費者心中也留下深刻的印象。雀巢咖啡這個名稱的使用，可以說為雀巢公司帶來了幸運，如果說不是創業者亨利．內斯特爾堅持使用「雀巢」，可能就不會有今天「雀巢咖啡」享譽全球的效果。

實際上，為商品取個好名，是件不容易的事，而在這個名字裡能夠融入企業良好的文化淵源和特質，其「力量」是不可低估的。「滴滴香濃，意猶未盡」配以可愛的鳥巢，是那麼的溫馨浪漫，一種雅致高貴的情調從芬芳的咖啡中漫溢而來，那是理想的家的感覺和氛圍。在現代社會激烈競爭環境中，一杯雀巢，能帶給人多少默默的關懷和體貼！有誰不願意為這種體驗而消費呢？

2 尊重員工建議

當一個人因為公司的玻璃窗髒而提出建議時，很多管理者可能會不屑一顧，如果喬治・伊士曼也是其中一員的話，可能我們今天根本就聽不到柯達這個名字了。

1880年，喬治・伊士曼創建了柯達公司，那時候的經營範圍非常狹窄，業務開展也非常困難，他每天都為此苦惱不已。1889年的一天，喬治・伊士曼收到一個普通工人寫給他的建議書。這份建議書內容不多，字跡看起來也不優美，只建議生產部門將玻璃窗擦乾淨。對於這樣的小事，剛開始伊士曼非常生氣，但突然的想法讓他眼前一亮，他看出了其中的意義：員工積極性的表現。而這對一個企業來說是非常重要的，沒有員工的支持，柯達是無法發達的。喬治・伊士曼立即召開表彰大會，發給這名工人獎金，就這樣「柯達建議制度」應運而生了。

以後在柯達公司的走廊裡，每個員工都能隨手拿到建議表；丟入任何一個信箱，每個建議表都能送到專職的「建議秘書」手中。專職秘書負責即時將建議送到有關部門審議，做出評鑑。建議者隨時可以撥打電話詢問建議的下落。公司裡也設有專門委員會，負責建議的審核、批准以及發獎。一百多年過去了，柯達公司員工提出的建議接近兩百萬個，其中被公司採納的超過六十萬個。目前，柯達公司員工因提出建議而得到的獎金，每年都在一百五十萬美元以上。1983與1984兩年，該公司因採納合理建議而節約的資金有一千八百五十萬美元，事實證明「柯達建議制度」在降低產品成本核算、提高產品品質、改進製造方法和保障生產安全等方面，起了很大的作用。而且每個員工提出一個建議時，即使未被採納，也會達到兩個目的：一是管理人員瞭解到了員工在想什麼；二是建議人在得知他的建議得到重視時，會產生滿足感，而工作更努力。

現在，柯達員工已逾萬人，公司業務遍及世界各地，產品涉及影像、醫療、資料存儲等領域。公司除了生產聞名於世的柯達膠捲外，還有照相紙、專業攝影器材、沖印器材、沖曬設備、影印機、印前製版產品、檔處理系統、航太高科技產品及影像產品器材，誰敢說這沒有「柯達建議制度」的一份大功勞呢？

小未必就不是美的，都說企業家必須要具備大局觀，觀察細節的能力也不容忽視。辦企業有時與寫小說一樣，許多有意義的東西都來自細微之處，能不能在細小的地方發現閃

亮的東西，予以利用和發揮，是衡量一個企業家是否優秀的要素。「柯達建議制度」的產生，給柯達公司帶來了巨大好處，這個制度確實值得很多人去借鏡的。像日本的松下公司，在此之後就提出了一個「提案獎勵制度」，設立專門的建設評審委員會負責提案工作，提案不論是否採用，均發給兌換貨品的彩券。獲獎者將根據不同等級發給三至六百美元的獎金。對那些沒有被採納的建議，委員會在提案後加注評語。僅以1993年為例，松下公司員工總計提出八十多萬個提案，其中有八萬條被採納，發放獎金超過五萬美元。而這些提案的效果若以現金來論，每年為公司節省的錢超過所發獎金的三十倍之多。管理有的時候就是把看似非常簡單的東西做到不簡單，這樣就會產生意外的效果，所以千萬不要忽略細節。

豐田汽車是世界上著名的企業，在1988年「世界影響最大的十大品牌」中，豐田汽車赫然名列其中。豐田公司的成功，主要是因為它的創始人豐田佐吉所建立的正確理念。

1866年，豐田佐吉生於日本愛知縣的一個農民家庭。日本明治維新以後，社會出現了前所未有的生機。年輕的佐吉積極投身到了這股社會發展的潮流之中。1885年，日本發佈了專利權條例，鼓勵人們發明創造。1890年，二十三歲的他成功地對原有的手工織布機進行了改進，接著又發明了「豐田式木製人力織布機」。這種織布機與原有的八端織布機相比，織出的布料避免了均勻不一，而且效率提高了一半以上。佐吉因為這項發明，第一次獲得了專利，二十九歲那年，他又發明了日本史上第一臺機械動力織布機「豐田式汽力織布機」。

1911年，佐吉建立了豐田自動織布機工廠，自從公司開辦以後，他就將全家搬到工廠與工人一起食宿。白天在廠房裡，為機器加油並進行織布機的改進探索，晚上對白天收集到的資料做進一步研究。正是他的這種忘我精神深深感染了工人，大家共同努力，工廠不斷向前發展。佐吉於1930年逝世，他的精神被歸納為五條綱領：一是上下一心、努力工作，實現產業報國；二是致力於研究、創造，走在時代潮流的尖端；三是力戒華而不實，追求實質剛健；四是發揚溫情友愛，建設美好家庭；五是尊崇神佛思想，日常生活中知恩圖報。這些綱領後來成為豐田社訓的內容，也成為豐田經營基本理念的基礎，同時更成為員工們的精神支柱。

在佐吉死後，他的兒子喜一郎接手經營，他受其父親影響很深，在順境的時候堅持「豐田綱領」中「致力於研究創造，走在時代潮流的尖端」，以及「力戒華而不實，追求實質剛健」的思想，公司得到了長足的發展，並在1937年8月，成立了豐田汽車工業股份公司。後經過了戰爭的苦難歲月，戰後喜一郎制訂了「公司改進

方針」，對經營體制進行根本性的改革。在那艱苦奮鬥的年代中，豐田始終保持著重視技術和品質的基本理念，把它視為企業時刻不能放棄的「一項基本建設」。後來豐田公司又數易領導，但公司一直堅持著半個世紀前就確立的豐田宗旨，不斷向著更高更遠的目標飛馳，最終贏得了勝利。

從上面的故事，我們可以看出豐田公司的「企業接班史」，實際上也是「企業文化傳承史」。時間在不斷流淌，人事在不斷變遷，但始終不變的是豐田宗旨它做為一種精神力量，保證了豐田馳騁於天下。可以說是豐田宗旨奠定了豐田汽車成長的基石，在豐田公司發展史裡，能清楚地看到企業文化的長期性與傳承性的重要。再先進的理念，如果得不到貫徹就會形同廢物。對於傳統的東西，一定要注意繼承，在繼承的過程中進行再建設這才是真正的「走在時代潮流的尖端」，讓企業永遠立於不敗之地的最佳途徑。

4 杜絕浪費的思想

吝嗇兩個字，用來形容豐田公司的招待方式是有過之而無不及。一次，松下公司的領導階層到豐田公司參觀，服務人員恭敬地送上咖啡，禮貌周到得無可挑剔，但是盛咖啡的器皿卻使客人大吃一驚，使用的是一般的粗瓷碗來盛咖啡！

是因為豐田公司缺乏資金嗎？1988年它就被評為十大「全球最有影響力的企業」之一，資金是相當雄厚的，那為什麼要這樣做呢？我們還是用它的成功經歷來告訴大家吧！

日本戰敗後，戰爭遺留給豐田公司的是一片廢墟，面對這樣的慘澹局面，總裁豐田喜一郎斬釘截鐵地宣布：「豐田要用三年趕上美國！」在喜一郎的鼓動下，豐田公司上上下下充滿了幹勁。但在當時的情況下，百廢待興，光有幹勁是不夠的，他們還需要更多的東西。所以喜一郎創業之初就強調：「錢要用在刀口上……用一流的精神，一流的機器，生產一流的產品，要徹底杜絕各種浪費。」後來豐田公司就以徹底杜絕浪費，節約每一點材料的思想為基礎，制訂了自己的經營管理思想：第一，大量生產；第二，「吝嗇」精神；

第三，無貸款經營。「大量生產」就是要徹底杜絕浪費，追求汽車製造的合理性。為進一步節約原物料，他將傳統的汽車製造「由上道工序把工件傳遞到下道工序」的方式，改變成「由下道工序向上道工序領取工件」的方式。這種新方式要求，前道工序只生產後道工序所要領取的工件，並規定了「三必要」的制度保證按必要的工件、必要的時間和必要的數量「準確」地供應到位。這樣的話，後道工序就是顧客，對企業來說可以杜絕浪費。在執行「三必要」制度時，公司又進一步採用了「流程卡」（又稱「傳票卡」）形式。「流程卡」分為「領貨指令」、「生產指令」和「運送指令」。流程卡由後向前傳遞，保證了前道工序所產出（或採購）的工件，正好是後道工序所需要的工件，進而避免了庫存，杜絕了積壓與浪費。

在這樣的情況下，喜一郎還沒有滿足改革的初步成果，就又進一步將他的管理思想從生產過程延伸到了行銷過程。本來「由下道工序向上道工序領取工件」的方式和「三必要」的制度，是針對生產過程，以「降低成本」和提高生產效率為目標想出來的。後來，豐田銷售公司也實施「完全銷售」的管理體制即「由下道工序向上道工序領取工件」的方式和「三必要」的制度，名副其實地實現了「訂貨生產」的狀態。就這樣，整個豐田公司的經營管理，經過孜孜不倦地推進，贏得了巨大的收效。

豐田的管理思想簡單易懂，所以傳播速度快，在豐田公司，看不到任何浪費現象。在這裡，「乾毛巾也能擰出水」。在豐田公司沒有咖啡杯，無論是自己用，還是招待貴客，一律用一般的瓷碗，所以就出現了剛才說的情況。應該說，豐田公司後來居上，首先是管理觀念的領先。如果豐田公司是跟著別人的汽車後面亦步亦趨，嘴裡得到的只能是廢氣。像豐田汽車工業的創始階段所採用的「訂貨生產」模式，即是將福特公司的「計畫生產」反過來，這樣的創新讓公司既能完成「降低成本」的目的，同時還能取得「確保品質」的效果。但「杜絕浪費」的思想基礎，也確實讓他們受益良多，照理說，這一點算不了什麼大的高不可攀的管理，但關鍵是豐田公司幾乎做到了完美。

5 減輕員工負擔，保持員工的愉快心態

如果一個人整天吹著口哨工作，大家的反應一定是這個人太不敬業了，可是這卻是世界著名企業沃爾瑪的管理口號。也許你無法理解，那就讓我們一起來瞭解一下它的成功歷程吧！

沃爾瑪成立於1945年，他的創始人是山姆．沃爾頓。1918年，山姆．沃爾頓出身於美國中部奧克拉荷馬州的一個平凡家庭。1940年6月3日，他大學畢業並取得商業學士學位。之後他在彭尼公司的一家連鎖店工做了十八個月，累積了寶貴的經驗，並把公司「讓顧客滿意」的經營方針牢牢地記在心裡。1945年，他用自己的五千美元積蓄和借來的兩萬美元，在阿肯色州的一個小鎮上開了一家雜貨店。這就是沃爾瑪企業的前身「沃爾瑪減價中心」。因為他能處處為顧客著想，讓顧客滿意所以很受

歡迎，到1974年，他已經在八個州建立了一百家這樣的廉價商店。

沃爾頓的成功，最重要的有兩點原因：一是注重管理人才，二是重視企業文化。第一點讓沃爾頓在創業之初就投入了大批資金，招攬人才。在他們的共同努力下，公司才制訂了「以靜制動」的發展戰略，即不保留資金，不斷將利潤又投資出去。事實證明這樣的戰略既節省了創業資本，又適應美國商業發展的潮流，很快地沃爾瑪的分店從阿肯色州，開到奧克拉荷馬州、密蘇里州、田納西州、堪薩斯州、路易斯安那州、內布拉斯加州……一直擴張到任何它想佔領的地方。第二點就體現在沃爾頓動用一切方法，來營造使員工愉快的工作氛圍。他希望在公司建立起一種以輕鬆、活躍為特徵的企業文化，這種文化能夠激發員工的活力與熱情，使大家在心情愉悅、平等交流的同時把工作做好。

首先他從自己做起，為員工製造新意。那時候每個星期五早上公司要召開「商品會議」、星期六早上召開「業務會議」，在這兩個會議上，貫徹他的所謂「吹口哨工作」的哲學：營造輕鬆快樂的會議氣氛，調動大家的活力與熱情，暢所欲言，集思廣益，使每個人都感到自己是大家庭中的一分子。在「吹口哨」中，大家興奮地探討和辯論經營思想、管理戰略，對各方面的工作提出改進意見。而他自己也常常帶頭宣洩熱情。「吹口哨工作」使得公司員工的日常生活變得興趣盎然，生機勃勃，而沃爾瑪公司成為愉快的樂園。星期六早晨七點半，沃爾瑪公司的晨會時間更被沃爾頓搞得花樣不斷，他有時會弄出一些神祕給大家帶來驚喜，有時候帶領大家做做健美操，有時候還舉行一些別開生面的活動，譬如舉辦模擬拳擊賽、與員工打賭等等。於是，會上大家打破了障礙，主管人員或員工代表可以自由發表意見，融洽地交流。

沃爾頓明白快樂是可以傳染的這個道理，並把它很好地親身實踐了。他的這套方案，使得自己在沒有花一分錢的情況下，減輕了員工的負擔，增強了團體的凝聚力。這種輕鬆的工作狀態大大提升了員工的工作效率，同時為公司帶來了巨大的利潤。

6 合作的精神可以提高生產率

1992年前後，美國各大航空公司總共虧損了二十億美元，連續三年的赤字總計達到了災難性的八十億美元。三大航空公司環球航空公司、大陸航空公司和美國西部航空公司，都在第11破產條款下運作，其他航空公司也在排隊「急著」進入它們的行列。而1993年度的統計數字尤其給人留下深刻印象，這是因為德爾塔航空公司、美國航空公司和聯合航空公司等也在此期間都出現大量虧損。但有一家航空公司是例外，那就是西南航空公司。它是如何做到這一點的呢？主要就在於它實行的低價位戰略典型的「差異化經營」。這種戰略非常鮮明的特點是，你無我有，你有我新。在企業涉獵的這塊領域，步步領先，招招領先，做競爭態勢的領先者，讓追隨者望而卻步。而西南航空公司就是在低價位上吃到了大蛋糕，一些航空公司也曾想過如法炮製，但是西南航空公司總能以更低的價位贏得市場。西南航空公司有一條降低成本的方法，是它完全能在低價位上保持可觀的盈利。這是許多大的航空公司所不具備的，沒有挑戰，就放下了戰旗。到底它是如何做到成本如此低呢？

我們用它的首席執行長赫伯．凱勒赫的話來回答，那就是合作的精神可以提高生產率。

凱勒赫，原是一家公司經理的兒子，他在紐澤西州長大，後來學的是法學系。1968年，他出資兩萬美元和一些人一起創立了西南航空公司。為打開市場銷路，凱勒赫一反常規以各種怪異的造型出現在公司的商業電視廣告中。一次他頭頂一個皮包出現在電視廣告中，指出它可以用來裝「所有因為乘坐我們的飛機而省下來的錢」。這些確實收到了很好的效果，公司很快爭取來了自己的客戶。在公司裡，凱勒赫是一個非常隨和的人，他常參加設在達拉斯的公司總部的週末晚會，鼓勵空服人員扮演滑稽小丑，以及像擊鼓傳令這樣的小遊戲。飛機空服員在復活節的晚會上穿著兔子服裝，在感恩節穿著火雞服裝，在耶誕節戴著馴鹿角，凱勒赫自己還經常穿著小丑套裝或小精靈戲裝扮演各種角色。實際上他正是透過這些方法，讓西南航空公司成為了一個愉快的工作場所。在這裡工作的員工，有時會覺得很辛苦但卻毫無怨言，因為他們為受到尊重而自豪，並且喜歡他們的工作。西南航空公司員工的流動率為7％，這在這個產業中是最低的。正是這種合作合作的精神，讓每個人都肩負使命，使公司在各個方面都得到了長足的發展，每個人都力圖做得最好，最低的成本也就不難創造了。

7 身體健康才能更好工作

塑膠大王王永慶，原本是做米店生意出身的，在二十世紀五〇年代初，塑膠製品出現在臺灣市場後，他意識到了這個機遇，轉而投資塑膠業，當時很多人都認為不可思議，但到了1984年，王永慶在國內已經擁有四十多座工廠，被人稱為「塑膠大王」。進入二十世紀九〇年代，臺塑集團已經成為世界化學工業界五十強中的一員。王永慶到底是靠什麼發達的呢？答案是：靠人，健康的人，熱情的人。

臺塑集團每年都要花費大約四十萬舉行大規模的企業運動會，運動會每年都在青年節前後舉行，意在鼓勵臺塑企業永遠有年輕人那樣蓬勃的朝氣和旺盛的精力，永遠像年輕人那樣，富於進取！在吉祥物的選擇上，他們也同樣富有熱情，選的是臺灣特有的珍禽——一隻展翅翱翔的帝雉，拿著一支象徵勝利的火把，向前飛去。它的含意是：年輕的臺塑企業，在追根究底和腳踏實地的精神指引下，不斷地向前奮進，生生不息，永無休止。

在運動會上，他特意安排了兩項特別的節目，第一項：由他帶領臺塑企業的高級主管和外賓進行五千公尺賽跑。做為臺塑的領導者，王永慶深知管理層不僅在精神上面臨巨大的壓力，而且在身體上也面臨嚴峻的挑戰。為了使自己不被壓垮，他每天都從自己少得可憐的休息時間裡，抽出一小時進行體能鍛鍊，對於那些主管們，王永慶也一樣要求他們有健康的體魄和旺盛的精力。另外長跑還有兩層深意：一是，代表著臺塑在以他為首的團隊領導下，勇往直前，不斷地從勝利走向勝利；二是，在跑道上要和外國人競爭，在商場上也要和外國人競爭，在跑道上要跑在外國人前面，在商場上也要力爭勝過他們。第二項：閉幕式前的趣味競賽。王永慶在閉幕式前總是要安排一項別出心裁的趣味競賽項目，以再掀高潮，讓運動會在笑聲中結束。就拿1986年來說，趣味競賽項目是「萬眾一心100米扁擔彰瞇籮」接力賽跑。王永慶老當益壯，風采不減當年，他拿出青年時的看家本領，挑起一筐米，健步如飛跑向終點。他這樣做就是希望臺塑人能夠像鄉下人那樣，團結一

致，發揚吃苦耐勞和勤勞樸實的精神。

一年一度的臺塑運動會，在員工中掀起了鍛鍊身體的熱潮，使得臺塑人體質明顯提高，能以更大的精力和更高的效率投入到工作中。更重要的是，這一臺塑大會師，使臺塑人透過運動比賽的方式，將「臺塑精神」結合在一起，並發揚光大。運動會誰都看過，也參加過，但董事長能親自參加比賽卻很少見。

王永慶是把人人的身體、精神放到了首位，讓關心人、愛護人、激勵人落到了有聲有色的運動會上，進而讓企業文化這個「虛」的東西不虛，讓「軟」的東西不軟。王永慶舉行運動會，實際上是藉由這個「儀式」，完成了對企業精神的一次檢閱和再塑造。可以想像運動會後，臺塑人一定以高昂的鬥志、極大的熱情，心甘情願地投入到工作當中，自然也能領先於競爭對手的前面。

8 國外創業要和當地文化相融洽

隨著目前經濟全球化的發展趨勢，企業走出國門已經不是一個新鮮的話題。創業難，在一個陌生的地方創業就更難。如何取得異國人的認同是一個關鍵，在這方面本田汽車製造公司為我們樹立了一個很好的典範。

二十世紀九〇年代末，本田汽車製造公司決定到泰國開廠，泰國民族性很強，對外來的敵對心理也比較重，在創業之初，公司就遇到了很多的問題。後來，一名叫市川英明的人被派到泰國繼續這項工作。到了泰國，市川經常一天只睡三、四個小時，早晨五點半起床，六點從家出來，在所有人之前就來到工廠，他要為員工樹立榜樣。而在工廠八點播放國歌，升國旗的時候，他也會換上工作服，與員工一起向泰國國旗敬禮，這給員工留下了很好的印象。當時他就想，身為一個跨國公司的經理人，要想團結當地員工，第一步就是要理解該國的價值觀，並且用行動來感動當地員工的靈魂。果然，他很快取得了這些異國員工的認同，在一段時間之後，他發現泰國有一些思想不適合企業的發展，譬如他們有重

視學歷、資歷的傾向，他感到必須改變這種思維方式，於是，他把本田公司在任何方面重視技術勝過重視學歷和資歷的原則，灌輸給員工。後他還為此專門制訂了技師制度，以總部的資格制度為範本，設一、二、三等三個等級，實施了資格考試。市川還用厚紙板做了資格證明書，對通過的員工一個一個地簽字後發給他們。就這樣，一步步在公司裡貫徹了「一切由技術來說話」的原則。

當時泰國比較封閉，員工對國際動態瞭解甚少，市川就買了大約兩百張世界地圖不厭其煩地貼在廠房。讓員工們瞭解三個問題：一是泰國位於什麼地方？二是公司造出來的汽車出口到什麼地方？三是汽車配件是從哪裡進口的？做完這些之後，他開始派人到日本本田總部學習，讓他們意識到差距，另外他也尊重員工的意願，想學品質管制的人讓他們去品質管制部門，想學規格管理的人就讓他們到規格管理部門接受訓練。如此讓他們每個人都肩負使命，向目標前進，這些泰國員工從日本回來後，都充滿了幹勁。

其實跨國經營最大的問題不是資金，也不是市場，而是人的文化上的融合。在這個故事裡，首先，市川就透過向泰國國旗敬禮，贏得了大家的尊敬，將自己融進泰國的員工之中。然後，再張貼起世界地圖，開拓大家的思維，由近及遠地牽引大家的視線。他的成功，還在於能站在泰國員工的角度思考問題，在情感滲透的同時，慢慢地進行本田公司文化的灌輸。他先是寬容，但透過讓泰國員工去日本本田公司取真經，讓差距顯現，進而讓大家站在更高的層次理解公司理念。企業文化在異國要想生根，必須先深耕，只有在人的情感上、思想上耕耘下種子，企業經營才能有大收穫。

9 兼併並未失去生機的企業

做為中國唯一進入世界五百強的企業，海爾無疑是成功的，由他創造的「海爾模式」贏得了世界的廣泛認可。1998年3月25日，哈佛大學MBA四年級學生陸續走進教室，這些經歷了嚴格挑選才跨進哈佛大門的未來商業驕子們，都有過在大公司經營管理的經驗，而且在多個國家、多種文化背景下工作過，現在他們爭先恐後的來到這裡，整個大廳座無虛席，連臺階上也擠滿了「旁聽生」。是什麼促使他們這樣呢？原來，張瑞敏總裁將要來到這裡，他們都對中國海爾企業獨具特色的管理哲學產生了極大的興趣，都希望能與張瑞敏總裁進行對話。

1984年，張瑞敏接手了海爾的前身青島電冰箱總廠，那時它是一個爛得不能再爛的攤子，當時的虧損額達一百四十七萬元，整個企業人心渙散、舉步維艱。張瑞敏接手後，首先從產品品質抓起，某次有一位顧客反映海爾的冰箱有品質問題，張瑞敏立即突擊檢查了倉庫，發現庫存中不合格的冰箱還有七十六臺。當時一些人都建議將它們做為福利品分給本廠有貢獻的員工，或做為禮品贈送出去，但張瑞敏斬釘截鐵的表明了自己的看法：不合格一定要砸掉。雖然這相當於當時全廠工人三個月的工資。經過這件事情之後，工人們又樹立起了勇氣。

海爾開始起步了，張瑞敏的目標更遠，他還想擴大經營，但做為一個剛起步的企業，資金畢竟有限，張瑞敏經過一番思考，將企業的發展定位在兼併的路上，他的兼併並不盲目，而是主要選擇技術、設備、人才素質優良，只是管理不善，處於「休克」狀態的企業，海爾人稱之為「吃休克魚」。對這個建議張瑞敏這樣解釋：按中國的國情考慮，在現有體制下，活魚是不會讓你吃的，越是國有企業，只要有口氣喘，就不會讓你吃掉；而死魚又不能吃，吃了會肚子疼。於是他提出了吃「休克魚」的觀念。譬如1995年，曾是行業首屈一指的青島紅星電器股份陷入了危機，虧損到不能償還銀行貸款。這時海爾出手了，它將青島紅星電器股份整體劃入旗下。

在劃歸的第二天，海爾集團副總裁楊綿綿就帶領海爾企業文化、資產管理、規劃發展、資金調度和諮詢認證五大中心人員到位，開始貫徹和實施「企業文化先行的戰略」。「敬業報國，追求卓越」的海爾精神，開始植入並同化著青島紅星公司的員工們。隨後張瑞敏又親自到廠，向中層幹部講述他的經營心得。這個廠被兼併時當月虧損七百萬元，第二個月減虧，第四個月盈虧相等，第五個月盈利一百五十萬元。1995年以前，在行業內排名最後的「紅星」開始真的閃亮了，1995年排名開始提前，到1996年6月已經成為本行業第一的名牌企業。整個兼併過程，海爾沒有增加一分錢投入，沒有換一臺設備，也沒有換人。主要就是注入了企業文化、轉變了員工的思想觀念和企業管理模式，「啟動」了企業。

在海爾用文化「啟動」了青島紅星電器股份有限公司之後，又過了兩年，他們又發現了順德愛德洗衣機廠。該公司硬體設施良好，因管理不善造成企業停產一年多。合資後，海爾集團洗衣機本部僅派去了三名管理幹部，但帶去了海爾傾心培育多年的管理模式、企業文化及雄厚的科研開發能力。六週後，新公司第一臺洗衣機誕生，隨後大批高品質的洗衣機走下生產線，曾目睹「深圳速度」的順德人不得不驚嘆海爾的「海爾速度」。而值得一提的是，救活這條「休克魚」的洗衣機本部，正是兩年前被海爾認作是「休克魚」的青島紅星電器股份有限公司。短短兩年間，在海爾管理文化模式的浸潤下，昔日「休克魚」不僅自己甦醒，在市場中縱橫馳騁，而且又催醒了另一條「休克魚」。這樣依次類推，1988年至1997年的九年內，海爾兼併了青島電鍍廠、空調器廠、冷櫃廠、紅星電器廠、武漢希島公司等十五家企業。1997年可以說是海爾在國內的兼併年，一年內先後兼併了廣東、貴州、安徽等省的六家企業。透過一系列兼併和收購，海爾拉動了近二十億元的存量資產，初步完成了集團的產業佈局和區域佈局，取得了明顯的經濟效益。近五年，海爾集團的工業銷售額以年平均69.1%的速度遞增，1997年突破一百零八億元。在新世紀，海爾人開始了向世界五百強目標的奮進。

「海爾啟動休克魚」能夠做為哈佛商學院的案例本身，就證明了海爾的兼併策略是正確的。用張瑞敏的話說：「海爾應像海，唯有海能以博大的胸懷納百川而不嫌棄細流，容污濁且能淨化成碧水。正是如此，方有滾滾長江、滔滔黃河、涓涓細流，不惜百折千迴，爭先恐後，投奔而來，匯成碧波浩淼、萬事不竭、無與倫比的壯觀！」在中國的環境下，一個企業要想發展關鍵是要給每一個人創造一個可以發揮個人能力的舞臺，這樣，就永遠能在市場上比對手快一步……

第5篇

小蛇也能吞大象

1 善於抓住任何機會

三〇年代末期，可口可樂的經營戰略已經有點國際化的味道了。全世界有四十多個國家建有可口可樂裝瓶廠，可口可樂雄心勃勃，希望得到更大的發展。沒有想到的是，二戰爆發了。別說增建新廠，就是建有可口可樂裝瓶廠的國家之間，有的成了盟友，也有的成了死敵，貿易受到了很大的限制，可口可樂陷入困境。殘酷的戰爭可以毀滅很多東西，許多人猜想，可口可樂難逃厄運。

總裁伍德魯夫憂心忡忡，但他從沒有放棄過希望。一次偶然的機會，他從前線的老同學那裡得到了一個重要的資訊：前線的將士非常喜歡喝可口可樂。於是他突然有了一個大膽的想法，將生意做到部隊去。伍德魯夫首先展開宣傳攻勢，公開宣傳可口可樂對前線將士的重要不亞於槍彈，並親自制訂宣傳綱要：一定要把可口可樂與前線將士的戰地生活緊緊地聯繫起來，要用滿腔熱情的語言激發飲者的欲望，還要寫清飲料對勝利的影響。他命令三個一流的宣傳員起草宣傳提綱，幾經修改，將五萬字的宣傳稿濃縮成兩萬字，配上精選的照片，編了一套彩色的圖文並茂的「前方來信」、「士兵心願」的小冊子，命名為《完成最艱苦的戰鬥任務與學習、休息的重要性》。小冊子強調，在緊張的戰鬥中，應盡可能調劑戰士的生活，當一個戰士在完成任務後精疲力盡、口乾舌燥時，最需要的就是喝一瓶可口可樂。1939年，美國上下為參戰做準備，伍德魯夫看準時機，他像個將軍般，下了一道口號式的命令：「讓每一個戰士只花五分錢就能喝一瓶可口可樂，不管他在什麼地方，也不管這樣做對我們公司意味著什麼。」這種宣傳影響很大，一直影響到美國陸軍總部的將軍們心裡，他們深信可口可樂這種飲料在「提高士氣」方面應當是最佳的。於是，美國最高當局決定向製造商提供鉅額訂貨，要求他們以優質高產的服務支援反法西斯戰爭。

1943年6月29日，一封來自艾森豪將軍設在北非的盟軍司令部，要求速用海軍運輸艦運送「能夠裝備十個可口可樂裝

瓶廠的設備」的加急電報，發往了亞特蘭大。電報上說，如果軍艦因裝載軍用品而一時無法運送裝瓶設備，請先送三百萬瓶可口可樂。而且每個月送兩次，每次三百萬瓶，直到裝瓶設備運到為止。可口可樂又一次打開了銷路，六個月後，北非第一家裝瓶廠在阿爾及爾投產。大戰期間，可口可樂公司共送了六十四套裝瓶設備到海外。在歐洲和太平洋戰區，這些設備都盡可能安裝在靠近前線的地方，前線官兵消費可口可樂超過五十億瓶。不僅如此，可口可樂海外生產線的建立，也使戰區無數平民百姓得以第一次品嚐一種口味全新的飲料。當整個世界從戰爭中恢復的時候，可口可樂做為世界頭號飲料的地位也確定了下來。

斯蒂芬．P．羅賓斯在《管理學》中對企業家有這樣一句話，他說：「企業家的戰略重點是由對機會的感覺驅動的……企業家的傾向是密切監視環境的變化以從中發現機會。」伍德魯夫做到了，在戰爭的危險境地中，他從別人對可口可樂毫不樂觀的猜想中，冷靜地從炮彈和子彈封鎖的地圖上，找到了可口可樂可以通過的繁榮途徑。一個企業家能否成功關鍵就在於，機遇到來的時候你能否把握住。

2 一條路不通，再換一條

第一次世界大戰結束了，硝煙不再瀰漫，但陰影並沒有消散。西方世界的「人道、和平、博愛」的價值觀，被殘酷的戰爭擊得粉碎。很多人在精神上沒有了出路，心情沮喪，醉生夢死，逃避現實。

這種情況在二十世紀二〇年代的美國，尤其明顯。大批青年尤其是女性，整天叼著香菸，招搖過市。然而，以往只供男人享用的粗大的雪茄，勁力很猛，太「衝」，女人們難以享受，怨言不斷。

菲力浦．莫里斯公司認定這是一個難得的市場機會，決定生產一種專供女士享用的香菸萬寶路。他們說做就做，一時間，在各種廣播、雜誌、報紙上，叼著萬寶路的俏麗女郎頻頻出現：她們吞雲吐霧，怡然自得。二十年過去了，人們對萬寶路的反應一直平淡，這期間，萬寶路也狠抓品質，將價格也訂到了最低，還幾次更換包裝；將廣告中的脂粉佳人製作得更加靚麗，但都成效不大。面對企業越來越大的危機，萬寶路領導者經過仔細的分析，下了一個大膽的決定：重新定位廣告的策劃。

這意味著原來公司傾注了大量心血，已使用了二十多年的廣告將要棄之不用，目標消費者將要重新變換。很多人都對此沒有信心，但公司堅持了下來，他們在新的廣告定位上孤注一擲。

以富有陽剛之氣的美國男子漢形象來代替原來的俏麗女郎，為了找到合適的廣告原型，他們煞費苦心，在各地廣泛選擇，參選的對象有馬車夫、農夫、獵手等等，最後在一個偏僻的牧場中找到了一個「最富男子漢氣質」的牛仔。經過簡單潤飾，以他為原型，拍出了現在常見的萬寶路廣告片。

這則廣告於1954年問世，推出後不久，就在美國國內引起了菸民們狂熱的躁動。他們爭相購買萬寶路，叼在嘴上或夾在指間，模仿那硬漢的風格。

自此，萬寶路的銷售額呈直線上升。廣告僅推出一年時間，銷量就提高了三倍，一舉成為全美第十大香菸品牌。1968年，它的市場佔有率更升至全美第二位，僅次於老牌香菸霸主雲斯頓。

萬寶路二十年銷路不暢，後突然變換思路而取得成功的例子，的確值得人們去思考。在競爭激烈的市場上，企業很容易遇到困難而處於「膠著狀態」，這時候最重要的是找好思路。沒有思路，就沒有出路。

很多時候，企業在許多方面都是對的，只是思路不對，一條路走到黑了，碰得頭破血流。因此，企業要學會「換位思考」，重新判斷，在新的思維狀態下，做出新的決策。這也說明，決策不是一成不變的，曾經是有效的決策，現在可能不再適用，而再高明的決策，也要依據變化了的形勢、環境進行修正和調整，以使決策更能適應新的形勢。

3 不要向失敗低頭

對攝影者來說，說起「櫻花」膠捲，他們可能會感到陌生，但說起柯尼卡可能就很少有人不知道了。其實「櫻花」膠捲是柯尼卡的前身，它的轉變讓我們認識到了一個大的企業也可能衰落，在逆境時抓住機會，還可以捲土重來。

自照相機問世以來，由於受人的愛美之心、懷舊心理、紀念情感等要素影響，膠捲的消費成為團體，尤其是家庭的一個不小的開支。它創造出的巨大需求，滿足了很多企業的盈利目的。在日本，經過數年對彩色膠捲市場的奪取與拼殺的結果，剩下富士和櫻花這兩個品牌逐漸佔領了主導地位。在二十世紀五〇年代初，櫻花膠捲統領半壁江山，但漸漸地，江河日下，從八〇年代開始，富士膠捲在繁花似錦的招搖中，以萬仞雪山的皚皚氣質，將彩色膠捲市場不斷地圈在自己的控制之下。比較兩個產品，品質相差不多，為什麼富士可以脫穎而出？關鍵就在於富士膠捲導入了CI戰略，使「富士綠」成為商品包裝的標準色，有著強大的視覺衝擊力。而「櫻花」這個商標給消費者的感覺是色彩柔和、輪廓模糊，帶有粉紅色的聯想，女性色彩過濃。而且擺弄相機大多又是男性，日本男性大男人主義嚴重，它的落敗也就在情理之中了。

落敗的「櫻花」沒有沉淪，而是立即汲取教訓，向對手學習，生產「櫻花」的下西六照相工業公司也導入CI工程，將公司更名為柯尼卡，「櫻花」也同樣更名為「柯尼卡」，並以「柯尼卡藍」做為新商品包裝的標準色，與富士抗衡。

但畢竟市場已經失去，光靠這些是找不到大的發展的，他們立即進行了大規模的市場調查，在調查中他們聽到沖洗膠捲的工藝人員普遍反映，業餘攝影者一般在使用三十六張的膠捲時，總是剩下一、二張未曝光的，為此感到很遺憾。而在使用二十張的膠捲時，便盡力想多拍幾張。柯尼卡公司立刻意識到了這個機會，果斷決定：生產二十四張一卷的膠捲，但價格與競爭對手的二十張一卷的相同。這樣的話成本只增加一點，卻可能找到機會。結果不出所料，柯尼卡公司又重在五彩繽紛的彩色膠捲市場中

找到自己的領地。企業競爭，許多時候優勢與劣勢就在於那麼「一點」。「一點」勝，賺個滿缽，「一點」敗，全盤皆輸。柯尼卡公司的這「一點」，獨出心裁，區別他人，壘高了後來者進入的門檻，它的精明再一次創造了企業的卓越。其實柯尼卡公司的鍥而不捨，才是其東山再起的真正動力，正是因為他們從未放棄過，在聽到一個不相關者的說話時，他們才敏銳地捕捉到了機遇，動作果斷，閃亮出場。柯尼卡的事例還告訴我們，企業做領先者時需要警惕跟隨者，企業在落後時需要動作敏捷，反應迅速。前者，柯尼卡公司沒有做到，後者，柯尼卡公司做得漂亮。

4 降價也是一種策略

降價在一般人看來，是企業遇到經濟困難時，回攏自己的一種手段，走降價之路，但康柏公司卻將它走成了另一種成功之道。康柏公司開發的是個人電腦，早在1983年的時候，它就活躍於歐洲市場，佔居次位。但是好景不常，由於越來越多的公司加盟到此行業中來，到1991年的時候，它的財政已陷入赤字狀態。這時候，菲弗爾出任了康柏公司的總裁之職，他發現當時的個人電腦價位訂的很高，大大超出了一般勞動人民的承受能力，要想發展必須拓寬消費者管道，所以他為康柏制訂了新的發展戰略，即堅持發展個人電腦，使個人電腦普及化。這就意味著公司必須大幅度調低價格，很多人認為康柏是個人電腦世界中的名牌，降價會失去它的「貴族」地位，而且對公司的利潤有影響。可是菲弗爾卻有不同的看法，當時大多的電腦公司都將目光盯在那些能買得起電腦的少數「貴族」身上，而對廣闊的平民市場沒有給予足夠的重視，誰先跨進去就會搶佔先機。很快地，他毅然決然做出了決定：康柏電腦的售價下調三分之一，而且在各地大量增加了零售代理商。

康柏個人電腦首次降價成了新聞，因為這是低得令人難以置信的價位。以非名牌電腦的價格購買名牌電腦，個人電腦的市場就這樣被康柏佔領了許多。降價勢必影響利潤，菲弗爾就要求在生產的各個環節降低成本，並要求工廠二十四小時連續生產。許多生產名牌個人電腦的公司，以為康柏最初的降價是權宜之計，當他們領悟到降價之舉的道理之後，也紛紛仿效。然而，並不是所有的公司都經得起降價的考驗。在菲弗爾挑起的價格大戰面前，不少公司因財力不支而倒閉，而康柏電腦在降價後不僅沒賠本，反而從1992年起，使康柏成為業界中少有的連年盈利的公司。

因為對康柏來說，降價與降低成本和進行規模生產是並行的，所以他們才能既減輕顧客的負擔，又使康柏獲得理想的利潤。就這樣，菲弗爾挑起的個人電腦降價大戰，使康柏便攜機在1992年的全年銷售額躍居全球第四位，1993年成為世界第一，市場佔有率升至12％。

降價是企業經營過程中經常使用的一種戰術，運用得當，時機適合，往往能出奇制勝。菲弗爾就是這樣描述他的經營之道的：「行銷的關鍵問題在於打開市場，而要打開市場取決於幾個要素：一是品牌形象好，二是便宜。康柏在具備了品牌優勢後，要大發展，就要降價。」

這樣的價格大戰也在各處不斷上演。眾所周知的是前幾年的中國大陸，由幾家大型彩色電視生產廠商所進行的「彩色電視價格之戰」，1996年3月26日，長虹老闆率先提出：長虹所有品牌的彩色電視全部降價銷售，每臺100～850元不等。長虹之所以這麼做，是依仗著雄厚的技術基礎。他們在激烈的市場競爭中不斷的進行技術創新，由軍工企業一進入家電市場，長虹人就把兩億元資金投入到技術開發和改造上，尤其在技術引進上，不是一味地買生產線，而是引進後予以脫胎換骨的創新。譬如1985年，他們硬是讓松下設計的日產能力為一千臺的生產線上每日生產出了一千三百臺適合中國國情和播出要求的彩色電視。做為中國彩色電視的龍頭老大和亞洲最大的彩色電視生產基地，手裡有技術使得長虹可以在價格戰中遊刃有餘，指點江山。

但長虹的高興沒有持續太長時間，創維集團董事局主席黃宏生於四十八小時後即從容不迫地向新聞界宣布：創維的主流產品降價22％，比長虹8％～18％降得還要多。黃宏生說：「我不提倡降價，但我不怕降價。」他為什麼敢這麼說呢？回想當初他取「創維」為商標，就是因為它的意思是「創造至尊，維譽至誠」。從此創維人只爭朝夕於彩色電視的最新技術開發，早在1991年，第三代大規模集成線路彩色電視的技術創新就為他們創匯三千萬美元。面對殘酷的彩色電視競爭市場，黃宏生坦言：「我宣導的是，以技術進步為裁判準則，自然而然地進行優勝劣汰的比賽。」技術創新讓創維在價格戰後的1997年銷售額達到二十五億元，出口八十五個國家和地區，是國產品牌出口第一。

但價格也不是要沒有底線的降，像中國持續三年的彩色電視價格戰，到了後期也造成了全國彩色電視市場的低迷。到最後廈華挺身而出：漲價。廈華在價格戰中也是贏家，但他們更認為「品質才是硬道理，研發才見真功夫」，自1996年下半年，廈華一是全力提升產品品質，二是不斷開發新產品，走技術創新之路。兩年來，他們開發出具有專利技術的16英吋圖文功能表彩色電視、中國第一臺等離子彩色電視、第一臺38英吋彩色電視、第一臺高解析度的29英吋多媒體彩色電視和第一臺數位式高清晰度彩色電視。這麼多的「第一」使得廈華有底氣提價，1998年年底，廈華內銷增長7%，產品供不應求。

從長虹的降價到廈華的漲價，無不在中國的彩色電視市場上掀起波瀾，是非功過不做評判，但他們給人的啟示是，企業必須靠自己的發展創新才能在市場上呼風喚雨，相反地，忍氣吞聲就會被淘汰出局。

綜觀上面的事例，我們會發現不論是國外商業，還是國內公司，降價對那些已經具有一定規模效益的企業來說，不失為上策：一、可以迅速佔領市場佔有率，抓住消費者。二、將弱小企業擠出市場，掃除障礙，減少對手，實現壟斷。三、可以快速獲得流動現金的好轉，補充供血不足，增強繼續造血能力，緩解面臨的競爭壓力。四、擴大企業知名度，價格戰是引發新聞戰的有效手段。在短時間內可以形成較大範圍的「注意力」，吸引了目光，就是給對手的一記老拳。

5 小蛇也能吞大象

小蛇能吞下大象嗎？也許你會疑惑它的答案，沒關係，長江實業的成功已為它的答案做了一個生動的詮釋。

香港首富李嘉誠的名字可能大家都不陌生，幾十年來他一直在香港叱吒風雲，從當初一個不名一文的學徒，一步步走上了人生的巔峰。

1928年7月19日，李嘉誠出生於中國廣東省潮州市的一個書香門第。他少年命運多舛，為避戰亂隨家逃港，寄人籬下。父親不幸病故後，十三歲的他就輟學肩負起全家的生活重擔。生活的苦難讓他比同年齡人早熟。

1950年，他籌集了五萬港幣創辦了長江塑膠廠，以生產塑膠花打開了市場，被譽為「塑膠花大王」。1958年，他涉足地產，憑藉出色的經營才華，不長時間便成為香港最大的地產發展商和產業擁有者。這樣大的飛躍他是如何做到的呢？

我們先看一個小例子：「青洲英泥」是一家老牌英資公司，在七〇年代由於經營時光上的一些問題陷入了困境，李嘉誠產生了收購它的念頭，但瘦死的駱駝比馬大，做為一個比自己還要大的企業，李嘉誠沒有放棄，他經過仔細思考，先從清掃周邊開始，慢慢削弱英資實力。從1978年起，他委託多方人士，不動聲色地在股市上買入「青洲英泥」股票，待股數達到25％時，他出任了該公司的董事，再等股數達到40％以上時，他坐上了該公司董事會主席的寶座。

他的目標遠非如此，緊接著他又把戰略性的眼光轉移到有「洋行王國」之稱的怡和集團身上，並把怡和主將之一的「九龍倉」做為進攻目標。他同樣不動聲色地利用分散戶名暗購的方式，靜靜地吸入大量九龍倉股票。等他得知包玉剛先生亦決意與英資爭奪九龍倉又果斷收手，將名下股份全部轉讓給包氏，此舉可謂一舉兩得，因為當時他還準備收購「和記黃浦」，他的轉讓除了可以從中獲利五千多萬港幣，贏得資金外，還為他接下來與包玉剛的合作打下了堅實而深遠的基礎。

「和記黃浦」的前身屬於香港第二大行的和記洋行，1975年被滙豐銀行收購，成立「和記黃浦」財團，經營貿易、地產、運輸、金融等等，是香港十大財團名下的最大一家上市公司，它的市值比「長江實業」多出五十五億港幣。李嘉誠一直密切注意「和記黃浦」的發展，充分預測到「和記黃浦」將是一家極具發展潛力和前途無限的集團公司。

而他也洞悉「和記黃浦」不會長期保留在滙豐銀行手中，因為身為國際上著名的滙豐銀行不會長期背上「行操縱企業」的黑鍋，這就意味著滙豐銀行在適當時機一定會出售。他開始為此進行周密的計畫和安排，1978年的「九龍倉」爭奪戰中，知道滙豐銀行正等待適當時機和合適人選準備出售「和記黃浦」的李嘉誠，透過放棄「九龍倉」控制權的爭奪，得以與滙豐銀行增進友誼。

而他更以自己的精明能幹、誠實從商的作風和日益壯大的長江實業，得到滙豐銀行的欣賞和信任。到1980年10月，長江實業透過整整一年不間斷地吸納，並在滙豐銀行的主動配合下，終於成功擁有超過40％的「和記黃浦」股權，李嘉誠正式出任老牌英資洋行和記黃浦有限公司董事會主席。

長江實業以6.93億港幣的資金，成功地控制了價值五十億港幣的「和記黃浦」，正如當時的「和記黃浦」董事會主席兼行政總理韋理所無法理解時說的：「李嘉誠此舉等於用兩千四百萬做訂金，而購得價值十多億美元的資產。」如今的「和記黃浦」已是香港最大的跨國綜合企業公司，經營著多元化的地產、電訊、貨櫃碼頭、能源、零售和通訊衛星幾大核心業務。

滄海桑田，現在李嘉誠被香港輿論界稱為「地產大王」、「貨櫃碼頭大王」、「香港油王」、「能源大王」等，這些無一不說明了他的巨大成就。

小蛇能吞下大象嗎？相信現在大家對答案都不會再有疑惑了，靠五萬港幣發跡，李嘉誠知道，要想把企業在短時期內做大，做成規模，抵禦環境變化的風險，既要老老實實在工廠經營，也要騰挪有術、從事資本運作。小蛇先是觀察大象的動靜，然後「瓦解」大象旁的滙豐銀行這條「大龍」，時機成熟，纏倒大象。

6 只有偏執狂才能生存

只有偏執狂才能生存，也許你認為太誇張了吧！不要誤會，這只是安德魯．葛洛夫所寫的書的名字，談的是他的成功之道。

1936年，安德魯．葛洛夫出生於匈牙利的布達佩斯，他的童年經歷坎坷，後從事研究工作，他的才能得到了英特爾創始人葛洛夫的賞識，於1987年成為英特爾公司首席執行長（CEO）。當時市場競爭非常激烈，各方面的技術日新月異，他比別人早早看到了自己所處的是一個「快魚吃慢魚」的時代，一個企業的反應速度非常重要。在葛洛夫看來，企業時刻面臨著一場「戰略轉捩點」，而且企業面對的是「十倍速度的變化」。這種變化可能來

自技術的突進，可能來自競爭對手的策略，也可能來自企業自身組織結構的調整。當時，企業遇到了問題，原本在電腦記憶體市場高居全球首位的英特爾，被日本廠商以「定價永遠低於10％」的競爭策略擊垮了。葛洛夫果斷決定：放棄記憶體。當時很多人都接受不了，但葛洛夫做出了決定性的抉擇。現在，英特爾不僅是全球最大的微處理器供應商，還創造著自身產品的需求，使全世界的個人電腦用戶成為英特爾的追隨者。

葛洛夫為什麼能成功？他用一本書做了回答：《只有偏執狂才能生存》。在葛洛夫身上，偏執表現在對信念異乎尋常的執著。葛洛夫認為，企業繁榮之中時刻孕育著毀滅的種子，而他正是以偏執的態度時刻關注著危機的降臨和「戰略轉捩點」的到來。

7 不斷進取，另謀出路

六〇年代，瑞士年產各類鐘錶一億支左右，行銷世界一百五十多個國家和地區，在世界市場的佔有率多在50％～80％之間。被世人譽為「錶中之王」的勞力士，價格昂貴，金質鑲鑽的卡齊埃，以及浪琴，歐米茄、天梭等瑞士錶，都是各地達官貴人、富商巨賈以及紳士淑女們為之追求的目標。而日本的精工舍（Seiko）卻在七〇年代就成功地打倒了瑞士，手錶的銷售量躍居世界第一。他們的成功與他們能夠不斷進取，另謀新路有莫大的關係。

精工舍誕生於1881年，誕生初期即致力於提高手錶的品質，但當時雄霸世界鐘錶市場的是瑞士，在品質方面，他們將各方面已做到最好，要想超越談何容易。領導者經過認真研究，認為精工舍如果還是從現有精工手錶的品質提高出發，贏得對瑞士鐘錶的市場競爭優勢，是不可能的。與其跟著人家屁股跑，不如另謀一條新路。立即他們就開始在沒有放棄「精益求精」的基礎上，大力研究、開發新產品。精工舍終於實現了他們想要的飛躍，是在1970年，精工石英電子錶研製成功了。

1974年，液晶顯示石英電子手錶投入市場。石英電子錶的先進技術指標是機械錶所無法企及的。被譽為「錶中之王」的勞力士，月誤差多在一百秒左右，而石英電子錶的月誤差卻不超過十五秒。

石英電子錶引起鐘錶業的震驚，美國、香港等地的鐘錶業界紛紛加入，電子鐘錶性能步步提高，出現了多功能手錶、電池式電晶體鐘、長時間運行的鐘錶等等。新產品層出不窮，價格節節下降，手錶開始變成了普及品，甚至還發展為和兒童玩具相組合的消費品，這對精工舍形成了相當大的衝擊，因為此時的精工石英錶尚未形成大的氣候。1974年，精工新一代領導者經過審時度勢，堅定地實施「不著急，不停步」的經營戰略，全力完善石英錶的生產工藝與市場銷售管道。精工石英錶的市場銷售價格，從最初的三百多美元，迅速下降到幾十美元，於是使得精工石英錶迅速暢銷世界，在市場上取得了領先地位。

此後，他們又開始在電子錶市場上緊追不捨，他推行「密集型發展」策略，根據各階層顧客的不同需要，從低級到高級，包括機械式、類比式、數位式、帶擺式等，向市場提供幾百種不同款式的電子手錶。於是，精工電子手錶又很快便暢銷世界市場，並領導日本鐘錶業界，在電子錶的市場銷量上超過了美國，與香港並駕齊驅。但當時的高級手錶市場仍由瑞士佔據，1980年，精工舍收購了瑞士製作高級鐘錶的「珍妮・拉薩爾公司」，以踏步的姿態向「鐘錶王國」發起進攻戰。很快便生產了以鑽石、黃金為主要材料的超高級「精工・拉薩爾」手錶並投入市場，成為世界手錶市場上高品質的象徵。

日本精工舍對瑞士鐘錶所取得的成功，告訴我們企業戰略要避開強者鋒芒，找其弱點，進行攻擊。如果精工舍一上來就跟瑞士手錶在技術和品質上對抗，肯定會大傷元氣。所以它選擇了另謀出路開拓新市場，最後成功翻身，在一個大的鐘錶市場上細分出一小塊，自己當老大，然後再一點點地前進。在有石英手錶這個「長」了之後，迅速補短緊追電子錶市場。終於做到了：避實就虛，強化優勢；你無我有，你有我強。

8 審時度勢，選擇與時機相對的方案

看到今天的東宇大廈，東宇人終於揚眉吐氣了，幾年前他們硬是在一片疑惑當中，停止了已建一半的工程。具體的情況我們還得從頭說起，1985年2月，在瀋陽大西街道一間十四平方公尺的小平房裡，七個年輕的知識分子成立了瀋陽市工業技術開發公司。後在他們的不斷努力下到1992年，他們已發展成為擁有企業員工三百二十多人，註冊資金一千三百九十萬元，下轄二十多個企業的大公司，並在同年的5月11日，經瀋陽市政府辦公廳批准正式成立東宇集團。這時候的東宇雄心勃勃，1993年，東宇大廈在瀋陽的黃金地段馬路灣響起了打夯聲。與此遙相呼應的是在南方，從一個知名的民營企業那裡也傳出了鏗鏘有力的建築聲。

只是東宇大廈的聲音在把框架支撐到一定高度的時候，集團主席莊宇洋分析了宏觀形勢面，預感到國家緊縮政策的到來，那必將驅動基本建設的熱浪迅速退潮。如果把手裡的錢投在大廈上，勢必造成企業財務吃緊，而企業辛辛苦苦掙來的血汗錢，如果不能用在刀刃上，企業就無力到市場上披荊斬棘。所以他果斷的選擇了撤退，儘管這在當時遭到了很多人的冷嘲熱諷。為此，他跟大家反覆地講這樣一個道理：「如果我們非要把大廈蓋起來，憑我們的實力完全可以。但我們要考慮一個機會成本問題。現在我們的撤退，是戰略上的調整。可以說撤退是暫時的，我們今天的停建是為了以後的續建。我們辦企業不能憑頭腦發熱，要有熱情，更要有理性。經營企業靠的是智慧。」

莊宇洋將企業的競爭優勢、品牌影響、科技實力和市場需求等像組合積木一樣，組合，拆開，分解，再組合，他要拿出強而有力的一面，進行出擊。最後東宇企業集中優勢把寶「押」到了科技產品上。

不久，東宇工研院研究出來馨波兒離子水生成器，交給了東宇電氣公司生產經營，這個既保健又養顏的新產品上市後，依靠優質的品質和行銷手法，連續兩年盈利，1997年的行銷額達到三億多，取得了巨大的成功。到1998年，莊宇洋看到了中國經濟回升的趨勢，他預測房地產將在經濟轉好過程中起到拉動作用，他指揮東宇置業公司殺回了馬路灣，一年之後，一襲銀裝的二十六層東宇大廈巍然聳立。

企業發展就像人的生命一樣，是有週期的，不能總是少年而不長大，也不可能永遠是壯年而不放慢走路的速度。那麼如何延長壯年期，讓衰老慢一點到來或根本不到來？一個企業家必須審時度勢，帶領他的團隊在必要時減速，調整行軍路線，在這個過程中，要休養生息，要汲取營養，苦練內功，這樣才可以做到「一路平推」。莊宇洋在東宇大廈建設過程中的「一收一放」，給我們上了一堂精彩的管理課，他正如一個出色的箭手一樣：出箭果敢，更關鍵的是出箭時還能把張開的弓放下。許多的企業家在許多的時候就是沒有把搭在箭上的弓放下來，有的是性子急，有的是怕別人議論沒有膽識，結果都一樣，射出的箭沒有到靶子就掉下來了。而想再拿起箭來重射，不是元氣大傷，就是靶子已經不在了。

第6篇

有時是放棄，有時是背叛

1 時移事易 變法易亦

「時移事易，變法易亦」是中國的一句古話，對現在的企業非常適用，日本的立石電機公司就是在兩次的變化中取得了成功。

1948年，立石電機公司成立，當時日本剛剛經歷了第二次世界大戰，在各方面都受到了嚴重的創傷。立石電機公司的創始人立石一真非常的有遠見，也非常有抱負，為辦好企業，他遠渡重洋到美國去做調查。認識到了市場對一個企業的重要性，同時也為兩國的差距感到巨大的震驚，美國的機械化讓他相信日本工業也必須走上生產自動化的發展之路。因此回國後，他立即著手對公司的經營體制做了重大改革，提出了著名的「生產者體制」。他對企業的管理層發表自己的看法：未來的電氣產品更新換代速度越來越快，企業經營重點應從「面向生產」轉為「面向市場」。以前的總公司集權管理的「決策者體制」顯然不能有效地適應市場變化，只有將權力下放給對客戶要求最敏感的生產銷售第一線部門，實行「生產者體制」的分權管理方式，才能緊緊跟上市場發展，始終立於不敗之地。

實行「生產者體制」後，立石電氣製造公司把生產權和人事權下放給各個工廠廠長和子公司經理，由他們根據市場變化，即時投入新產品、招募新的專業人員。體制的完善，促進了生產和管理的高效率，立石公司連續推出令人眼花撩亂的新產品。到了1967年，公司年產值創下了八年增長十倍的紀錄，達到一百億日圓。

可是花無百日紅，二十世紀七〇年代石油危機席捲全球，日本也沒能倖免於難。而在「生產者體制」指導下的立石電機公司，由於設的攤子過多、涉足領域過廣，首尾不相連，也受到了巨大的衝擊。面對連續的虧損，立石一真審時度勢，果斷的決定：變革。他毫不猶豫的放棄了名噪一時的「生產者體制」，精簡管理層次，重新收回下放的權力，並對產品發展方向做出了重大調整，減少「多元」，提高產品的專業性。這一舉動，使得立石電機公司迅速走出低谷，1978年就實現產值1010億日圓。現在，立石電機公司是日本最大的控制製造企業，生產的可編程控制器，被廣泛應用於各行各業，成為工業自動化的核心產品。

世界每天都在變，所以想要成功，就要面對變化，迅速的做出決策，而不是故步自封，冥頑不靈的守著過時的規矩和東西，不思變革。

歷史上一個著名的企業家曾經說過：「改革應該成為我們的準則，而不是無可奈何接受下來的一種例外。不要等到時間太晚了或不可收拾時，再想到改革。」而立石電機公司對「生產者體制」的確定，繼而否定，再實行帶有集權性質的「宏觀調控」，都是一種主動求變，順勢而為。任何一種管理體制，不論當時多麼奏效，都是限定了時間、人物、環境下的產物。一旦風起雲湧，必須水隨山行，不想坐以待斃，就趁早迎接挑戰。

2 像滿足情人那樣滿足顧客

顧客像上帝，是很多企業都提出的口號，但克羅格公司卻提出了像滿足情人的要求那樣滿足顧客，因為情人更挑剔。

1883年，年輕的伯納德．克羅格開設了全美第一家連鎖店公司大西方茶葉公司，公司成立後，他處處注意與顧客打交道，並以顧客需要為服務宗旨。這樣他的事業取得了極大的成功，十年後，他擁有了四十家商店和一個食品加工廠，並將公司更名為克羅格雜貨與麵包公司。在他去世後，他處處為顧客著想的經營理念被傳承了下來。

後來霍爾繼任了公司總裁，並將公司更名為克羅格公司，他沒有忘記克羅格的經營理念，上任後即進行了一項重大改革措施：顧客調查活動。他認為對公司發展什麼商品、增加哪些服務、使用什麼銷售手法等問題，最有發言權的就是顧客。為此，克羅格公司在所有收銀機旁安裝了顧客「投票箱」。顧客可以把自己對克羅格公司的意見和建議投入箱中，如需要哪種商品、哪種商品應如何改進、需要什麼專業服務等等，寫下來投入其中。

如果哪位顧客的建議被採納，他就可以終生免費在克羅格公司的商店裡享受該種服務或購買該種商品，還可獲得公司贈與的優惠折扣消費卡，購買任何商品時都享受減價優待。因此「投票箱」深受顧客歡迎，提建議者絡繹不絕。克羅格公司根據顧客的建議，對症下藥，使公司每一種新上市的商品一炮而紅，公司的經營覆蓋區域擴大到德克薩斯、明尼蘇達和加利福尼亞，1952年的銷售額突破十億美元大關。他對員工說：「如果我們要生存得更好，就只有像滿足情人的要求那樣去滿足顧客的要求。」

到二十世紀七〇年代，由於社會節奏的加快，人們迫切需要種類齊全的超級商場來節省時間，在顧客調查中，克羅格公司敏銳地捕捉到了這一資訊，把發展方向轉到「一次停車」型的超大超級商場上。這種商場的經營種類達到了包羅萬象的程度，不僅從事零售業，還經營美容沙龍、金融服務、速食店、加油站等，使顧

客只需停車一次，就可以購齊全部商品、獲得所需的各種服務。

由上我們可以看出克羅格公司的發跡史，就是「顧客是上帝」這一經營理念的成功實踐。把「上帝」放在嘴邊容易，放在心上難。克羅格公司做到了，而且更加徹底，情人挑剔、矯情、難伺候，需要你付出特別的耐心，而且要想長期攏住芳心，策略就是花樣翻新，讓其跟著你的愛意轉，迷迷糊糊地「上了賊船」。當然，將顧客當情人不是用計謀矇騙，而是真誠待之，出發點必須端正。那種一時聰明耍手段的，不好用，克羅格公司對顧客的「情人情結」，屬於「真誠到永遠」的那種，而且多少年了，一直創新，從不嫌麻煩，可謂無微不至，因為對顧客的投入，就能有最大的產出。

3 面對困難，不要輕易改革

是不是所有的變革都是好的呢？對企業來說如果企業遇到了困難需要變革，那當然是必要的，但如果盲目的話就可能會出現尷尬的結果。世界第一飲料可口可樂就曾經遭遇了這樣的問題。

二十世紀八〇年代，百事可樂發展迅速，直接威脅了可口可樂的地位。1983年，可口可樂的市場佔有率為22.5%，百事可樂為16%；1984年可口可樂為21.8%，百事可樂上升為17%。兩家公司你追我趕，對可口可樂來說，事態尤顯嚴峻，畢竟他們是在走下坡。可口可樂開始行動了，在美國和加拿大，可口可樂對二十萬名十三至五十九歲的消費者進行調查，一項結果顯示，55%的被調查者認為可口可樂不夠甜。看到了這個結果，公司領導者立即著手處理，決定中止使用了九十九年歷史的老配方，取而代之的是採用了更科學、更合理的新的可口可樂。為了「新的可口可樂」，公司在紐約市林肯紀念中心舉行了一次記者招待會，約有兩百家報紙、雜誌和電視臺的記者應邀到場。二十四小時之內，81%的美國人就知道了可口可樂的這次變化。但公司所期望的可口可樂熱銷局面卻沒有出現，反之成千上萬的人開始投訴，對可口可樂公司的新產品提出抗議。三藩市還有人成立了一個「全國老可口可樂飲戶協會」，並舉行了抗議新可口可樂的遊行示威活動。一些美國人甚至威脅說要改喝茶水，還有人竟然開始儲存老可口可樂了，也有人倒賣老可口可樂來獲利。

事實證明這一舉措大大地傷害了許多消費者對老牌可口可樂的忠誠，也傷害了他們對老可口可樂的感情。好在可口可樂公司立即意識到了問題，於1985年7月11日，果敢地宣布：恢復可口可樂的本來面目，更名為「古典可口可樂」，並在商標上特別註明「原配方」。消息傳開，公司的股票一下子飆升，可口可樂公司有驚無險。

1986年5月8日，可口可樂公司迎來了它的一百週年紀念日。在亞特蘭大舉行了最盛大、最壯觀的慶祝活動。一萬四千名工作人員從辦理可口可樂業務的五百五十五個國家和地區飛往亞特蘭大；全國各地三十輛以可口可樂為主題的彩車和三十個行進樂隊迂迴取道開進亞特蘭大市；公司免費的可口可樂，招待著三十多萬當地和遠道而來看熱鬧的群眾。幾乎整個亞特蘭大的居民和官員，都參與了慶典。由於可口可樂公司的卓越經營成就，使其成為亞特蘭大市和喬治亞州經濟的主要支柱。

可口可樂也會犯錯誤。美國學者羅伯特·F·哈特利在他的《管理得與失》中，對此做了最好的評述：一、計畫和調查並不能保證做出最好的決策。環境在不斷的變化，競爭對手的行為並非總能預測到，消費者的行為也具有不確定性以及非邏輯性，他們的偏好與傳統觀念的聯繫在媒體的煽動下，往往不能控制。二、口味並不是一個可靠的偏好因素。僅僅依靠口味測試進行調查與決策是很容易犯錯誤的。三、警惕篡改傳統形象。並非許多公司都有一百年的傳統，有的連十年都不到，傳統也是一種力量。四、對仍有很大需求的主要產品進行變革會有危險。五、在進行重大變革時，最好不要立即拋棄現有的東西。六、在決策中還要考慮媒體的力量，才可能引起公眾廣泛的興趣。報刊和廣播媒體對公眾的觀念有重要的影響力。對於可口可樂，媒介透過宣傳一種反對情緒，無疑加劇了群體直覺，並將之推波助瀾到極點。

可口可樂公司以其獨特的口味，雄居於世界飲料老大的位置長達一百多年，期間有很多公司試圖與它一較高下，最後都以失敗而告終，直到百事可樂的出現。百事可樂出現於六〇年代，到九〇年代時它即佔去了可口可樂幾乎一半的市場佔有率，可以說做到了與可口可樂公司平分天下。

它的成功是一個「後來者居上」的成功典範，也成就了一個著名的企業家阿爾弗雷德·斯蒂爾。

阿爾弗雷德·斯蒂爾出生於美國西北部華盛頓州的一個農民家庭，早年的鍛鍊讓他養成了不服輸、愛挑戰的個性，他把握住了人生的方向盤，利用其卓越的經營才華，從駕駛員的位置走到了百事可樂公司總裁的寶座。當時百事正處於初級發展階段，與可口可樂相距甚遠，但斯蒂爾沒有畏懼，他確立了「市場導向型」經營戰略，率領十多萬「百事」大軍向可口可樂霸主地位發起進攻。第二次世界大戰後，美國經濟迅速發展，消費水準普遍提高，阿爾弗雷德·斯蒂爾敏銳地捕捉到了這個機遇。他首先根據市場導向，以新的飲料配方代替原配方，生產出甜度低、味道也比原先好的新飲料投入市場，並在廣告創意上以高雅的場所為背景，由身著華麗服裝的窈窕美女和神采飛揚的男士做模特兒，藉以消除「窮人可樂」的形象。斯蒂爾告訴百事可樂人，同時也是向可口可樂發出挑戰的信號：百事可樂將全力以赴改變「窮人可樂」的形象。

到六〇年代中期，第二次世界大戰後的新一代已紛紛入職場，成為社會消費的主要對象。市場態勢顯示，誰贏得青年一代，誰就會取得成功。斯蒂爾沒有放過這個機會，針對市場這一變化，他把百事可樂廣告口號改為：「百事可樂新一代的選擇！」拉開了重點進佔年輕人市場的序幕，並為此開展了一場規模浩大的廣告宣傳攻勢，把百事可樂做為時代潮流和青春活力的象徵，而將可口可樂映襯為陳舊、落伍、衰老的代表。他的一個廣告是這麼做的，一群年輕人，人手一瓶百事可樂，簇擁著一位兩鬢花白的考古學家來到一個牧場的遺址。考古學家在泥土中發現一個棒球和一把電吉他，一一予以辨認，毫不馬虎。一位學生又從泥土中發掘出一只滿是灰塵的東西，考古學家洗去上面幾個世紀留下的灰塵、泥土是綠色的可口可樂瓶子。

憑藉這些措施，百事可樂迅速崛起，有了自己的忠實客戶，但這時候它基本上走的還是可口可樂的老路，缺乏特色。所以很快他們就憑藉已有的基礎向可口可樂發起新一輪挑戰：其一，瞄準中、下層消費者，塑造「大眾可樂」的形象。其二，推出多種不同分量的包裝瓶，滿足不同層次消費者的需要，而可口可樂的包裝瓶當時只有一種。憑藉此可口可樂開始擺脫「跟隨者」的影子，以「領導者」的姿態出現在商場中。

在外賣市場取得成功後，斯蒂爾開展了一場「攻擊性」的促銷活動。百事可樂公司在美國一些主要的公共場所設置擂臺，請過往行人免費矇眼試飲百事可樂和可口可樂兩種飲料，然後再奉送一瓶品嚐者認為更好喝的飲料。百事可樂的甜度比可口可樂高9%，年輕人較能接受甜的口味，結果，矇眼試飲者說百事可樂「好」與可口可樂「好」的人數之比為3：2。狡猾的百事可樂公司人立即把這些場面錄了起來，並把其中認為百事可樂更好的鏡頭加以突出，然後拿到電視臺反覆播放。宣傳效果非常好，一些可口可樂的老主顧感到，選用可口可樂是相信牌子所誤，對可口可樂的忠誠開始動搖。

機會又來到了百事可樂的面前，面對百事可樂的大舉進攻，1985年5月1日，可口可樂公司宣布改變老配方，推出比過去稍甜的新配方可樂。斯蒂爾沒有放棄這個契機，首先他在美國各大城市的街頭，讓消費者免費飲用百事可樂，以示同樂。然後給員工放假一天，以造成歡欣鼓舞的轟動效應。最後在《紐約時報》等美國有影響的報刊上連續整版刊登廣告，宣傳可口可樂從市場撤走產品，把祕方更改，是為了效仿百事可樂的味道。可見百事可樂的進攻是猛烈的。

在內外夾攻下，可口可樂的市場銷量驟降，公司的股票價格也很快下跌。直到1985年7月初，可口可樂公司不得不公開宣布恢復可口可樂的老配方生產，這種情況才開始回升。但經此一戰，百事可樂與可口可樂的市場佔有率也由1960年的1：2.5，縮小到1985年的1：1.15，真可謂是百事可樂與可口可樂平分天下了。

百事可樂之所以能夠成功，就在於當它面對可口可樂這樣強大的對手時，一是不膽怯；二是不蠻幹。他們有勇氣和膽識，又狡猾多變，在追著可口可樂進攻的同時，穩紮穩打，步步為營，一點一點地與可口可樂「分爭」市場。在早期的競爭中「永爭第一，甘當老二」，以「跟隨者」向競爭者靠近，進而成為超越者，這是非常正確的。《中外管理》雜誌社的楊沛霆教授就談到：說到「永爭第一」自然是無可非議的，許多企業都這麼喊。但「甘當第二」就有些令人費解了，說不好聽一點，這不是自甘落後嗎？其實不然。仔細想想，天天大喊「永爭第一」，只不過是一種空洞的設想。如果沒有切實可行的分步目標，又何時能爭上第一呢？「甘當第二」的精神可取之處在於：「甘當第二」絕不是不力爭上游，而是先找一個比自己強的人，把他當成「老大」，跟他學，但目標仍是爭第一。「甘當第二」的策略是非常重要的，我吸收你的長處，結合我的長處，你的是我的，我的還是我的，那麼我一定能比你強，道理就在這裡。我把你的東西學來了，我就能超過你，就再去找一個「老大」，再甘當「老二」，我永遠這麼做下去，然而我的目標永遠是爭第一，這才能一步步地走向成功，如果不甘當老二，天天糊裡糊塗的，又怎麼爭第一！所以，一定要把別人的東西學過來，這同樣也是自我超越。自我超越就是要有甘當老二，永爭第一的精神。

百事可樂對市場的細分非常成功。他們沒有與可口可樂進行全面接觸，而是依據市場需求的變動，調整了產品結構和經營策略，以佔領年輕一代的消費陣地為基礎。這使他們擺脫了自己的「窮酸」帽子，在企業內部樹立了信心，實力大增；而且使他們在市場上贏得了挑戰者的勇敢形象，在崇尚競爭的美國人面前，這個形象很容易贏得讚賞。在小勝後，他們沒有停止而是積極開拓新市場，樹立自己「大眾可樂」的形象，擴展更大的市場。企業在制訂企業戰略時，縝密嚴謹，一環扣一環，有重型炮彈大力轟炸，也要有輕機槍輕巧點射。總之就是出其不意、攻其不備，千方百計搶佔可口可樂沒有佔領或是沒有鞏固很好的國際市場。

5 從「效仿」到「超越」

NIKE對愛迪達的超越又是一個後來者居上的例子。二十世紀七〇年代初期，愛迪達公司在跑步鞋製造業遙遙領先。當時是正值跑步鞋需求量大幅度增加的前夕，因為跑步鞋不僅穿著舒適，而且還是健康、年輕的象徵，這是大多數人嚮往的形象。所以製作跑步鞋的公司也如雨後春筍般紛紛鑽了出來，NIKE公司即是其中一家。

菲爾．奈特本是一位一英里賽跑的運動員，但技術平庸，看出自己不是做運動員的料的他，開始進行運動鞋的經營。1972年，他和自己的老師一起發明出一種新式運動鞋，並給這種鞋取名叫「NIKE」，真正的NIKE公司出現了。當時「NIKE」是依照希臘勝利之神的名字而取的。同時他們還發明出一種獨特標誌Swoosh（意為「嗖的一聲」），它極為醒目、獨特，每件NIKE公司製品上都有這種標記。這個時候，遠在德國的愛迪達公司在製鞋業是如日中天。為了追趕愛迪達，NIKE開始向對手全心全意地學習，在行銷手法上「瞄準運動員」，努力與那些有前途的、有影響的運動員建立長期、密切的關係，經常徵求他們的意見，設計出受他們歡迎的運動鞋，再免費送給他們穿。1972年，俄勒岡州尤金市舉行奧運會預賽，NIKE鞋在競賽中首次亮相，成績還不錯，從第四到第七名都是穿著的NIKE鞋。奈特還決定，參加奧運會的所有運動員，凡穿著NIKE鞋奪得金牌的，獎給三萬美金。

奈特希望自己跳的更高一點，更遠一點，他知道自己在運動員用品市場上可以學習愛迪達，但很難超過。所以他們在「瞄準運動員」的同時，又「服務大眾」，開拓新市場：休閒運動鞋以及服裝市場。這一回，NIKE從狹窄的專業跑步鞋的跑道中騰挪出來，搶在愛迪達之前，率先衝向一個更廣闊的賽場。戰略正確，實施堅決，NIKE公司一點點地在新的行業中處於「領先」。

到二十世紀七〇年代末和八〇年代初，市場對NIKE公司的需求已十分巨大，以致於它的八千個百貨商店、體育用品商店和鞋店經銷人中的60%都提前訂貨，並常常為貨物到手等待半年之久。這給NIKE公司的生產計畫和存貨費用計畫的完成，提供了極大的方便。根據NIKE公司銷售額增長情況統計，其銷售額在1976年為一千四百萬美元，僅半年後便上升到六萬九千四百萬美元。透過1979年初美國市場的佔有情況統計，NIKE公司的市場佔有率為33%，居市場佔有者之首。兩年之後，它更遙遙領先，其市場佔有率已達50%。1982年1

月4日出版的《福布斯》中記載，「美國產業年度報告」把NIKE公司評為過去五年中盈利最多的公司，位居全行業之首。

超越的起點是學習，所以NIKE的第一步就是向愛迪達看齊，並將對手的看家本領學到了家。

在對手警覺開始不斷向系列化、多樣化發展，把眼光繼續緊緊地盯在運動員身上時。NIKE已經從效仿「轉型」到了「超越」，將市場觸角伸向了休閒運動鞋與服裝上。也就是說，在與對手爭奪蛋糕的同時又騰挪出一隻手，做大了另一塊蛋糕。可以說，在二十世紀七〇到八〇年代席捲全球的「跑步熱」和「慢跑熱」的時候，NIKE贏得了對市場機會的準確判斷和迅速起跑，當對手回過神來，NIKE已經在前面很遠的地方了。所以不要總想著與對手爭奪蛋糕，在盤子的空處，可能就有更大的蛋糕。不論多麼大的蛋糕，總是越吃越少。對愛迪達來說，要記住天下沒有一個蛋糕是供給一個人獨享的，哪怕是你自己做出來的。

6 精誠合作，同心協力

日本的SONY成功，應該說是兩方面的因素促成的：第一，井深大與盛田昭夫的精誠合作。第二，盛田昭夫的雄謀大略。

1921年，盛田昭夫出生於日本中部名城名古屋的一個釀造商的家庭。1944年9月，他從帝國大學畢業，並與一個同樣非常喜歡研究的井深大成了知心朋友。1946年5月7日，盛田昭夫利用從父親那裡借來的五百美元，夥同好友井深大，共同創辦了「東京通信株式會社」。井深大任總經理，盛田昭夫任副總經理。他們為公司確立了宗旨：公司的經營方針以創新發明為主。要做先驅，不追隨別人。

體驗以科技進步、應用與創新造福大眾帶來的真正快樂。

創業開始了，他們通力合作，研製開發了一些新產品，其中手提式磁帶收錄音機在全日本三分之一的小學普遍使用。而後，他們又抓住電晶體問世的機遇，從擁有此技術專權的西方電器公司買下了這項專利技術，利用這項技術，他們研製出了半導體收音機，並與阿爾勞德銷售公司一個在美國、加拿大等地有強大經營銷售網路的公司，簽定了長期銷售協議，使其「TR63型」晶體管收音機，大量銷往美國，成功讓公司產品走向了國際。在公司成功打進美國市場後，盛田昭夫就建議井深大更改「東京通信株式會社」的名稱。他覺得公司要走向世界，就必須要有一個在世界的任何角落都叫得響的名字。

這個建議遭到了很多的反對，包括與其合作的一家銀行，因為當時「東京通信株式會社」在社會上已經有了一定的影響，改名字搞不好會失去過去的客源，但井深大支持他，並說服其他人接受了這個提議，於是最後將公司更名為「SONY」，這個名字在世界各地都容易辨識，人們用任何語言都同樣容易拼讀。1957年6月，東京的羽田國際機場入口的對面，出現了第一塊「SONY」字樣的看板。同年12月，東京的銀座鬧市區又架設了第二塊看板。隨「SONY」標誌在日本國外知名度的提高，盛田認為統一公司名稱的時機已到。1958

年1月，東京通信株式會社正式更名為索尼株式會社。同年12月，公司的股票在東京證券交易所上市。這時候盛田又做了一個出人意料之舉——全家搬到了美國紐約。不過他不是因為有錢了要去享受，而是認為「SONY」要想贏得國際市場，必須先佔領美國這個重要陣地。而要從根本上攻下美國這個世界經濟市場的橋頭堡，必須深入地瞭解美國文化，適應美國消費者的生活習慣、心理特徵，針對美國市場結構開展行銷工作。將全家都遷居紐約才能完全融入當地人的生活之中，把美國人的生活方式瞭解透徹。之後，他又在歐洲的幾個大城市購買了別墅，間隔地在這些地方生活。SONY公司東京總部的優秀人才，也經常被派往國外學習與生活。

從這個故事我們可以感覺到，盛田昭夫無疑是個大功臣，正是他的非凡卓見，才領導SONY攀上了一個又一個高峰，走向更高的勝利。但井深大無疑也是值得讚賞的，做為一個公司的最高領導者，對處處表現不凡的盛田昭夫沒有壓制，反而處處支持他。所以也可以說SONY公司最大的成功，就是井深大與盛田昭夫的精誠合作，猶如一條船的兩個槳，齊心協力，中流擊水，保證了SONY公司的航程。從1944年盛田昭夫與井深大相識，他們就成了事業上的搭檔。井深大比盛田昭夫年長，日本社會很強調長幼有序，合夥創辦公司後，井深大任總經理，盛田昭夫任副總經理。由於盛田昭夫熱衷於推銷，井深大就由著這個夥伴四處遊說，跑學校、鑽商店，自己在家坐鎮。在公司更名、走國際化戰略等方面，都是盛田昭夫建議，井深大全力支持。在盛田昭夫的名氣越來越大時，井深大沒有一點戒備心理，反而讓這個兄弟到處「拋頭露面」，兩個人的合作是天衣無縫。

1971年井深大退休，他還時時觀察著市場的變化，給自己的好兄弟提出建議，他根據自己喜歡邊走邊聽收音機的習慣，建議公司對原有的大型產品進行改進，受此啟發，盛田昭夫開始進行小巧輕便的能隨身攜帶的單放機的研發。

1979年6月，SONY公司正式向市場推出被稱為「隨身聽」的產品，其音效清晰而保真、樣式精緻而小巧，三萬日圓的價格也適應人們的腰包。結果，「隨身聽」很快風靡日本，接著是國際市場。到後來，SONY公司已經無法滿足滾滾而來的大批訂單，只好加快添置自動化的生產設備。

與此同時，「隨身聽」還帶動了公司的耳機生產，使其躋身於全世界最大耳機製造商行列，佔有日本全國的半壁江山。二十世紀八〇年代初，在盛田昭夫的領導下，SONY公司已經躍居日本電器業界的三強之一。但在這之中井深大的功勞也是不可抹滅的。

另外SONY的改名也頗有深意，它與別的企業靠更名來換換運氣的做法不同，而是藉更名調整了企業發展戰略，將「SONY」鎖定在全球化，並為此進行強大的技術創新和市場開拓。改名之後的SONY公司以全新的姿態亮相。在接下來的十多年中，SONY進入了全新發展時期。SONY銳意創新，奮力奮鬥，企業實力和市場競爭力連同它的知名度節節上升。許多企業找不到市場的門，一旦找到市場的門了，又找不到擴大市場的路。盛田昭夫將家遷居紐約，應該能給那些在經濟全球化大門前苦苦徘徊的企業家們一點啟示。國際化道路首先是一個文化道路，只有文化上的國際化，才能有人才的國際化、戰略的國際化、產品的國際化。

7 顧客至上，得顧客者得天下

「我們一直騎在一匹贏得過很多次冠軍的馬上，所以當我們下馬時，很多人感到沮喪，但是我很高興它這麼早就發生了。因為它讓我們有機會停下來，在各方面做一些真正的改革。現在我們擁有的是一整個馬廄的新馬。」聽了這句話，你也許會感到有點莫名其妙，不過不要緊，看了下面的故事，你就會一清二楚了。

這句話是麥當勞公司總裁兼首席執行長邁克爾·昆蘭說的，他是在上個世紀八〇年代拯救了麥當勞危機的英雄人物。在邁克爾初登總裁之位時，麥當勞已經成立四十年了，在出名後公司幾乎將全部精力都用在如何擴張、如何發展壯大上，而忽略了對顧客的需求，處處以老大自居。後來在更多的速食店出現爭奪市場的情況下，麥當勞的日子日趨艱難。昆蘭意識到麥當勞的問題所在，但公司大多數人顯得麻木不仁。邁克爾·昆蘭面對此種情況，在公司的管理大會上給予公開的痛斥，他講道：「麥當勞必須用卓越的服務改變一下傳統的經營觀念。在講究服務效率的前提下，顧客並不是只能接受純麥當勞式的食品。如果麥當勞不主動滿足顧客的需要，就只能關門大吉。」

1991年3月，麥當勞內刊《管理通訊》封面上，昆蘭一手拿麥香魚，另一隻手拿著生菜。用身體語言告訴大家，在麥當勞裡如果顧客要吃生菜的麥香魚，也要照做。這個變革遭遇到了內部阻力，一些人認為，整個麥當勞快速服務的概念基礎是建立在標準化的操作制度上，產品不能有例外的組合。即使要滿足顧客的特別要求，也會花上較長的調整時間，並為工作人員帶來困擾。

昆蘭對上面的保守觀念毫不妥協，針鋒相對：「儘管新技術是麥當勞做到使顧客完全滿意的重要因素，但更重要的是改變員工服務的態度。員工必須積極利用新技術，來滿足顧客的要求。麥當勞要從自己評估自己，改由顧客評估其表現，這是個新的評估方式。這也是決定麥當勞能否被顧客接受的方式。」接著，他在麥當勞系統中開展所謂的「提升服務計畫」，從顧客的角度來看個別餐廳的營運狀況，並授權地方經理和服務員盡全力滿足他們的顧客。

麥當勞經過一系列的革命，帶來了實質上的成果——在美國國內的營業額1992年上升了6%，1993年上升了7%，而營運收入則在這兩年各增加了4%。因此擺脫了昆蘭上任時的危難境地。對一個已經有四十年歷史、而且成就卓著的企業進行改革，是艱難的。昆蘭之所以成功，就在於他勇於否定過去，創新經營理念，企業家必須是個創新家。現在麥當勞的漢堡裡體現的更多的是一種顧客至上的思想。另外，昆蘭的成功還在於他是一個好的演說家、鼓動家，才使得他的改革思想和方針能夠深入人心。譬如1994年4月14日，昆蘭在拉斯維加斯每兩年舉行一次的麥當勞全球夏令營會上致辭，他這樣評價麥當勞的改革：「幾年前，我們碰到麥當勞成立以來罕見的瓶頸，但我們並沒有坐以待斃，而是去扭轉頹勢。我們改變方針，開始以顧客的角度去經營生意，和以往相比，這是一個一百八十度的轉變。對麥當勞這種大規模的公司來說，這種轉變可以說相當迅速。」對於他在麥當勞的變革，他說：「我可以舉出一件事做為麥當勞重生的證據，幾星期前我們跨過一個重要的里程碑，賣出了第一千億個漢堡，但我們的顧客並不在乎，一千億個漢堡對於排隊等著要買第一千億零一個漢堡的顧客來說毫無意義。要是像以前幾年，我們還將重心放在自己，而不是顧客身上時，我們一定會播放電視廣告，拉布條，大肆張揚一番，但我們並沒這麼做，我們把重心放在顧客身上，關心的是下一個顧客，而不是賣出的一千億個漢堡。我們在經營餐廳過程中，顧客滿意度對我們的成功很重要。」得顧客者得天下，聽到這樣的話語，顧客還會不願意去麥當勞嗎？

8 在世界冠軍身上寫下「愛迪達」——阿爾弗雷德·達斯勒的成功策略

上個世紀二〇年代，非常有經濟頭腦的阿爾弗雷德·達斯勒開辦了自己的製鞋廠，最初他是與哥哥合辦的，在辦後不久，他們就贊助了美國著名田徑運動員傑西·歐文斯，後來透過傑西·歐文斯在奧運會上的成功，極有力地宣傳了他們的產品，對他們的製鞋廠起了很大的推動作用，公司發展很快。但到了1949年，兄弟倆不幸鬧翻，阿爾弗雷德·達斯勒在哥哥離開後，獨立經營愛迪達公司。公司最初的成功讓愛迪達認為利用賽場為「廣告場」，在冠軍們的身上寫下「愛迪達」是公司可以快速發展的正確策略。愛迪達每開發一種新產品，總要邀請世界體育明星、教練員和醫學、生物學、力學專家來獻計獻策，徵求他們對新產品的意見。對那些直言不諱或提供有參考價值意見的人，則給予重獎。產品最後定型和成批生產前，技術人員還要親自帶著試製的新產品去運動場，讓運動員試用後提出改進意見。對於世界體壇明星、體育團體，愛迪達不僅以產品相送，而且還贈與數目可觀的獎金，如「足球皇帝」貝肯鮑爾和魯梅尼格，世界拳王阿里、網球名將蘭頓、倫德爾、格拉夫等，以及他們所在的體育協會、俱樂部，乃至運動會組委會，都是愛迪達的贊助與餽贈對象。對運動員提出的建議，他們立即改進，在一次重大的足球比賽時，蘇聯隊主力中鋒奧列格．布洛辛說自己的「愛迪達」鞋不太合腳，在場的代表立即動手把布洛辛的腳樣描了下來，馬上乘飛機飛回工廠，迅速趕製了一雙球鞋，布洛辛試穿後非常滿意。從此「愛迪達」的良好服務在運動場內被傳為佳話。

但意外很快發生了，1948年，在倫敦舉行的第十四屆奧運會的馬拉松決賽中，比利時選手阿爾貝．斯巴克出發不久，就遙遙領先，看這架勢，冠軍非他莫屬了。場外愛迪達的人比阿爾貝．斯巴克正高興，因為一步一步接近冠軍的鞋屬於愛迪達，冠軍也是屬於愛迪達的。就在這緊要關頭，阿爾貝．斯巴克的運動鞋竟然斷裂了，斯巴克走到路邊，痛苦地搖著頭，他簡直不相信當前發生的事情，他狠狠地將運動鞋摔到地上，眼看著別人從身邊跑過去。這個「醜聞」馬上在世界上傳播開來，愛迪達產品嚴重滯銷。很多人認為愛迪達應該改變策略，但愛迪達認為公司的策略並沒有錯，不能因為一次的失敗就否定它帶來的成功。他果斷地採取了一系列措施來挽回聲譽，向經銷商賠償經濟損失；狠抓了內部管理的整頓，嚴把品質檢驗關；從技術研究、產品設計入手，提高產品品質；請世界冠軍們談穿用愛迪達產品的體會，宣揚愛迪達產品的完美形象……等等。並規定總公司和各地分公司的經理和副經理必須定期拜訪客戶，聽取顧客的意見。要開通客戶投訴電話，各主管經理和責任人員在投訴客戶出門上班之前一定要上門解決問題。總之「斯巴克事件」，沒有阻擋愛迪達的「在世界冠軍身上寫下愛迪達」的前進步伐。

愛迪達公司發現：足球鞋的重量與運動員的體力消耗關係極大，而半個世紀以來，足球鞋的重量減輕極小，主要原因是保留了鞋頭的金屬鞋尖。這種鞋尖的主要作用是保護運動員的腳在用力踢球時不受傷害。經過反覆研究與試驗證明：在每場比賽中，即使是最積極拼殺的前鋒，腳接觸球的時間也只有四分鐘；去掉鞋尖後所減輕的重量導致大大減少體力消耗，而傷害腳的可能性極小。因此，愛迪達果斷地去掉金屬鞋尖，設計出比原來輕一半的新型足球鞋，投入市場後，爭購如潮……愛迪達在赫若哥拉赫專門建有一座世界上獨一無二的「運動鞋博物館」。這裡整齊地陳列著幾百雙愛迪達公司製造的各種規格的運動鞋，每一雙鞋都有其非比尋常的經歷，其中包括歐文斯勃1936年奧運會用的釘鞋，拳王阿里的高筒拳擊鞋……博物館吸引了無數世界級運動員及體育官員前往參觀。愛迪達不僅為這些參觀人員提供專門的高級「運動客棧」，供他們下榻，而且還免費招待他們，為的是在他們身上寫下「愛迪達」。

不斷推出高品質的新產品，是實施「在世界冠軍身上寫下『愛迪達』」經營戰略的一條重要措施。1954年，世界盃足球賽在瑞士舉行。賽前，愛迪達親自帶領研發人員深入運動員與教練員之中聽取意見和要求，然後研製出可以根據場地情況而更換鞋底的足球鞋。決賽時，體育場一片泥濘，匈牙利隊員在場上踉踉蹌蹌，穿愛迪達足球鞋的聯邦德國隊卻健步如飛，並首次登上世界冠軍寶座。愛迪達又開始騰飛了，在世界冠軍身上寫下「愛迪達」的經營戰略，使得愛迪達迅速興旺發達，遠遠地甩下了強勁的競爭對手。在1976年蒙特利爾奧運會上，一百四十七枚金牌中有一百二十六枚落到穿用愛迪達產品的運動員手裡。1982年的西班牙世界盃足球賽上，在參加決賽階段比賽的二十四支隊伍中，有十三支球隊穿著愛迪達的運動服，八支球隊穿的是愛迪達運動鞋。1985年的世界冰球比賽中，全體參賽隊員全部穿用愛迪達的產品。

「愛迪達」透過努力，成為運動場上一道獨特而亮麗的風景，愛迪達開創了一項生命力無比旺盛的運動服裝產業，為推動世界經濟的發展做出了重大貢獻。「在世界冠軍身上寫下愛迪達」的獨特體育文化，大大地推動了人類精神生活的健康發展。愛迪達能夠在運動場上風光，來自三方面：一是成功的經營戰略。不論什麼時候，都堅持「在世界冠軍身上寫下愛迪達」，並成為企業的追求目標。二是創新。常常在別人「視若無睹」的地方和時間裡，眼睛特別地賊，發現了可下手的機會，出手果斷。三是行銷的「誠實無欺」。即使面對「醜聞」，也不粉飾，抱著誠信的態度，取得大家的諒解。

9 創新需小心，慎思市場需求

東西變得好用了，卻失去了市場，你相信嗎？馬上我們就一起分析一下這個老闆到底犯了什麼錯。

美國有一個專門生產捕鼠器的公司，一次公司的老闆聽了一些顧客的反映，準備生產一種新式捕鼠器。為此他招募了一批動物生態學家、機械工程人員進行討論，這些專家們仔細分析了老式捕鼠器的特點，認為它有四大缺陷：一是構造簡單，放置室內易傷害兒童手指；二是當捕過一隻老鼠後，其他老鼠不易上當；三是捕到老鼠後，多數婦女不敢看，更談不上用手去處理死老鼠；四是捕鼠器必須夜間設置，白天收拾，以免發生危險。針對這些缺陷，他們經過改進，終於將他們心目中「完美」的捕鼠器研製出來了。它的創新是從研究老鼠的生態習性獲得的。老鼠喜歡黑暗，總是喜鑽小洞或尋找洞口，因此新式捕鼠器在造型上類似一座鐘的形狀，上面有一個足夠容納一隻老鼠進入的小洞，鐘內藏有一個彈簧圈套，裡面是封閉無光線的，當內設誘餌時，老鼠便會聞香而進，落入圈套。新產品完成後，歷經試驗，效果奇佳，捕鼠率達到100％。公司立即投資進行大量生產，但新的捕鼠器上市後，並沒有出現在商店門前排長龍搶購的局面，而是大量的積壓在倉庫裡。

老闆見此情景，以為是行銷不當，急忙進行市場調查。但得到的結論並非行銷問題，而是發現了新產品有兩個致命傷：一是由於新產品構造美麗，可重複使用，家庭不會重複購買。二是高層收入的家庭，雖然不吝嗇錢，但是用後的處理很費腦筋，老式產品捕到老鼠後一般會一起扔進垃圾桶，但新式捕鼠器扔掉有些捨不得，留下來又不知放在何處，而且捕鼠器在人們心理上又不是一件可以長期儲存的「耐用品」。

看了這個故事，我們知道這個老闆的初衷是好的，他注重創新，但也犯了一個致命的錯誤——沒有考慮市場的需要。當一個產品轉化為商品，最後實現了利潤，創新不是唯一的途徑。一件產品的研製、推出，其市場生命力，絕不是企業可以憑藉產品的技術性能便可以創造出來的。產品的生存與發展，完全取決於市場上的消費者。因此企業在創新活動中，應當依照消費者的偏好與習性來構思產品、行銷產品，而不只憑著企業自身的想像去經營產品。也就是說，創新意識，不僅僅只是技術上的邏輯，若要將它實用化、商業化，還需要面對經營過程中更多的非技術因素。這些非技術因素所帶來的經營上的艱辛程度，是很難用純技術性思考去想像的。從新式捕鼠器傳來的嘆息裡可以得到這樣啟示：創新也需小心。

第7篇

比美元更值錢的

1 你今天對客人微笑了嗎？希爾頓的成功之路

1887年的聖誕之夜，康拉德．希爾頓出生在美國新墨西哥州一個挪威移民的家庭。希爾頓上中學的時候，每當放暑假，便會到父親的小雜貨店裡幫忙。他對做生意、接待顧客特別感興趣，在這期間他累積了一些經驗，從新墨西哥州礦冶學院畢業後，他離開了自己的家，隻身來到了德克薩斯州，不久買下了他的第一家旅館梅比萊旅館。在他的苦心經營下，旅館生意不斷上升，但與同行業的比起來它並沒有什麼突出的地方。這時候他的母親給了他建議，要想辦法可以讓每一個住進旅館的人住了還想再來住。希爾頓經過苦苦思量，他最終認為只有微笑才能發揮如此大的影響力。然後他立即行動，首先把手下的所有雇員找來，向他們灌輸自己的經營理念，並說明今後公司裡檢查員工工作的唯一標準是：「你今天對客人微笑了嗎？」然後他又對旅館進行了一番裝修改造，增加了旅客的接待能力。依靠「你今天對客人微笑了嗎？」這個座右銘，梅比萊旅館很快便紅火起來。

「一流設施，一流微笑」，使希爾頓的創業之路越走越寬。1925年8月4日，他建造了一座擁有「一流設施」的大飯店，並以自己的名字將其命名為希爾頓飯店。可是就在這時，美國歷史上規模較大的一次經濟危機爆發了。很快地，美國全國的旅館酒店業有80%倒閉，希爾頓旅館集團也深陷困境。希爾頓沒有灰心，他仍然依靠他那「你今天對客人微笑了嗎？」的座右銘。他不斷奔赴各地，鼓舞員工振作精神，共度難關，即使是借債度日，也要堅持以「一流微笑」來服務旅客、贏得旅客。他不厭其煩地向他的員工們鄭重呼籲：萬萬不可把心中愁雲擺在臉上。無論面對何種困難，「希爾頓」服務員臉上的微笑永遠屬於旅客！

「你今天對客人微笑了嗎？」這句話成了每一個希爾頓人的座右銘。希爾頓飯店服務人員始終以其永恆美好的一流微笑，感動著四面八方的賓客。就這樣希爾頓順利地度過了1933年最困難的難關，逐步進入黃金時期。他很快又買下了艾爾帕索的北山旅館和朗浮城的葛萊格旅館，並添置了許多一流設施。在這些旅館重新開業的前夕，他再一次巡視旅館並詢問員工：「你認為還需要添置什麼？」員工們回答不出來，顯然是覺得條件已經很好了。他笑了，說：「還要有一流的微笑！如果是我，單有一流設施，沒有一流微笑，我寧願棄之而去住那種雖然地毯陳舊些，卻處處可享受到微笑的旅館。」

「一流設施，一流微笑」支持希爾頓的事業蒸蒸日上，1946年5月，希爾頓成立了他的希爾頓旅館公司。翌年，該公司在紐約證券交易所上市，成為有史以來首家正式上市的旅館企業的股票。其後他又收購了當時世界上規模最大、最高檔豪華、最宏偉壯麗、紐約有「旅館皇后」之稱的華爾道夫——阿斯托利亞大飯店，成為世界上首屈一指的國際性大飯店。不僅如此，五〇年代他又在全世界營造自己的「旅館帝國」，馬德里、墨西哥城、蒙特利爾、柏林、羅馬、倫敦、開羅、巴格達、哈瓦那、曼谷、雅典、香港、馬尼拉、東京、新加坡……希爾頓飯店相繼開業。截至七〇年代末，希爾頓在世界大都市所擁有的飯店，已有近百家，成為世界名副其實的「旅館帝王」。

微笑是人的天性使然，只要不是面對仇恨，即使面對的是怨恨，微笑也會將冰川化解。但對於希爾頓，他將微笑的作用成功地轉變為一種競爭手法，微笑也就成了希爾頓的專利。許多人不信，認為微笑人人都會。遠的不說，二十世紀八〇年代的時候，在中國的許多商店、旅館大廳都懸掛著「賓至如歸」的牌匾，應該是從希爾頓那裡學來的。但是牌子掛起來了，只是招牌下那些臉上的表情還很僵硬，嘴角的笑意是那麼的勉強，至於顧客被尊為「上帝」了，還是一副受寵若驚的樣子。誰都想擁有一個「簡單、容易、不花本錢而行之可以長久的辦法」，如果哪個企業是要學習希爾頓的微笑，就必須自己用心去經營。

2 完美的服務策略——賓士公司成功經驗

1918年底，第一次世界大戰的陰影還沒有完全散去，又出現了世界性經濟危機。通貨膨脹導致汽車市場疲軟，當時德國兩家最大的汽車製造廠本茲和戴姆勒因相互爭奪疲軟之中的汽車市場，兩敗俱傷。而這時採用流水線生產的價廉物美的美國福特T型車大量開進德國，本茲和戴姆勒兩家公司均處於危機之中。為挽救危機中的德國汽車製造業本茲和戴姆勒不計前嫌，決定合作成立了賓士公司。

當時汽車市場大部分已操控在福特的手中，賓士的發展顯得異常艱難，但他們很快重拾旗鼓，利用本茲的經營創新才華，與戴姆勒對技術品質精益求精的執著精神，為公司奠定了很好的生產基礎、技術基礎與人才基礎。但光靠這些想打敗福特顯然是不夠的，經過仔細研究他們發現，福特汽車有其獨特的優點，他們就算達到了那個水準，要想超越是很難的，所以賓士必須在別的方面吸引顧客，很快他們制訂出了當時絕無僅有的「三服務」經營戰略。

首先是包你滿意的產前服務，在短短的幾年時間內，賓士車就連續推出了一百四十多個品種，三千七百多種型號，有的雖然差別很小，它這樣做就是要顧客任何不同的需要都能得以滿足。他們在品質方面也努力做到最好，很多車在顧客購買前就向他們保證：如果有人發現賓士車發生故障、中途拋錨，將被贈送其一萬美金。總之在各方面都給予顧客最大的保障。

其次是無所不在的售後服務，賓士公司的一條經營原則就是：售前的承諾和奉承不如售後無微不至、無所不在的完善服務。在德國本土上，賓士公司設有一千七百多個維修站，雇有五萬六千人做保養和修理工作，在公路上平均不到二十五公里就可找到一家賓士車維修站。國外的維修站點也很多：全歐洲有兩千七百多個，全世界有五千多個；國內、外從事服務工作的人數與生產廠房的員工人數大體相等。服務項目從急送零件到以電子電腦開展的諮詢服務等，甚為廣泛。賓士車一般每行駛七千五百公里需要換機油一次；行駛一萬五千公里需檢修一次……這些服務專案都在當天完成。如果車輛在途中發生意外故障，開車的人只要就近向維修站打個電話，維修站立刻就會派人來修理或把車輛拖到附近不遠處的維修站去修理。即便沒有維修站也不要緊，某次，一個法國農場主駕駛著一輛賓士貨車從農場出發到原民主德國去，可是當他開到法國一個荒村的時候，發動機突然出現了故障，他又氣又惱。當時他所處的位置前不著村後不著店，抱著試試看的心情，他用車裡的小型發報機聯絡上了遠在原聯邦德國的賓士汽車總部。令他吃驚的是，幾個小時過後，賓士汽車修理廠的檢修工人就在工程師的帶領下坐飛機趕來了。他們下了飛機，第一件事就是道歉，而後以最快的速度修好了車，而且這些全都是免費的，後來賓士公司還為這個法國農場主免費換了一輛嶄新的貨車。經過了這個過程，你說那個農場主還會抱怨嗎？因此賓士車的顧客們似乎都有一個共同的感受——駕駛賓士車毫無後顧之憂。

最後是領導潮流的創新服務。這樣說吧！在賓士公司只要你想得到，他們就會幫你做到。一次一個年輕人來到賓士公司買小轎車，銷售員帶領他參觀了陳列廳裡的一百多種型號的小轎車，都沒有得到他的滿意。銷售員不得不失望地告訴他，現在沒有這種車。如果這是在別的公司可能事情就結束了，但兩天後，賓士公司找到了他，問了他所希望的車型及樣式，三天後他看到了自己想像中的車，而後他又嘗試性的提出了一些自己的要求，都得到了賓士公司的滿足，最終他買到了自己想要的車——一輛賓士公司專門為他所做的車。這就是賓士汽車公司重視銷售服務、重視顧客需要的一個典型表現。另外賓士公司還建立了訂購制度，來滿足形形色色的顧客提出的各種特殊要求，如：汽車的色彩、規格、座椅樣式、空調設備、音響設備乃至保險式車門的鑰匙款式等等。在生產廠房內，未成型的汽車都掛有一塊牌子，上面寫著顧客的姓名，車輛的型號、樣式、色彩、規格及特殊要求等。在生產過程中，這些要求由電子電腦向生產線發出指令，以生產出合乎要求的汽車，令顧客滿意地駕車離去。

半個世紀過去了，賓士公司就是靠這「三服務」過來的。把讚美的詞句都送給賓士公司，許多人是沒有意見的。正是他們對顧客的需要認真追求，才成就了企業的卓越。從1920年起，賓士公司就成了德國最大的汽車製造公司。1999年，在美國《財富》雜誌全球五百家最大企業排行榜中，賓士公司名列第二，年營業收入1546.15億美元，利潤56.56億美元，資產額1597.38億美元。

沿著賓士清晰的轍印，可以清楚地看到，每一輛賓士都見證著賓士永保青春的法寶，那就是服務。

3 一張輕鬆得來的訂貨單

1979年的一天，一份訂貨報告送到了波音公司董事長威爾遜先生的辦公桌上。報告上稱，義大利航空公司將要取消向道格拉斯公司訂購DC10飛機的原定計畫，轉向波音公司訂購九架波音七四七大型客機，義大利航空公司希望達成這項訂貨合約。這相當於一個成交額高達五億八千萬美元的鉅額訂貨單，就這樣不費吹灰之力的被波音公司得到了，想想現在常常看到為簽定合約，甲乙雙方為各自利益展開激烈地爭執，波音公司獲得的這筆五億八千萬美元的鉅額訂貨單實在太容易了，既沒有激烈的討價還價、艱苦的談判，也沒有花費任何促銷支出。

這件好事是從天而降的嗎？當然不是。事情得從半年前說起，1978年12月的一天，美國波音公司董事長威爾遜在他的辦公室接到了義大利航空公司總裁諾狄奧的電話，原來義大利航空公司公司的一架DC9型飛機在地中海失事，急需一架新飛機來代替，他們要求的時間非常短，而當時因為波音七二七型客機屬中型飛機，在國際市場上很受歡迎，按常規，訂購一架該型號飛機至少需要等兩年，「迅速」交貨實非易事，答應就意味著要承擔很大的風險。但他們長期遵循的「顧客至上」原則，要求他們不能將顧客拒之門外，為此公司專門成立了研究小組著手研究，提出了一個可行的方案。任務下達之後，波音公司有關部門迅速行動起來，他們透過對供貨合約的仔細審查，將已經簽定合約的客戶按輕重緩急重新做出安排。一個月之後，一架新的波音七二七型客機降落在了義大利航空公司的停機坪上。

後來，義大利航空公司為回報波音公司臨危解難的義舉，就寄去了那張訂貨單。「服務是金」在這個故事裡體現得淋漓盡致。

4 超前服務——四季飯店的成功直路

你有沒有試過在一個自己並不是客人的飯店裡享受客人的待遇，如果沒有，那就去四季飯店吧！那裡的員工會讓你對飯店有不一樣的概念。

一次，芝加哥某企業在資金籌措會上請到了南西．雷根做為主要演講者。經理要求高層成員要一起參加歡迎的隊伍，向當時的第一夫人致敬。在辦公室裡緊張地忙碌了一天之後，經理來到了四季飯店。這時他注意到進入大型舞廳的人都穿著正式的服裝，這個時候他才想起，現在應該是人人都穿禮服的時刻，可是他還穿著上班的服裝。按當時的時間回家換衣服是不可能的，當他站在門廳裡思考應該怎麼辦時，四季飯店的接待員注意到他臉上遲疑的表情，走上前來探詢，得知情況後，迅速為他想辦法，先是去借，失敗後將自己的衣服讓給了他，衣服大小不合適他還立即找了裁縫師進行補救，最後總經理站到了歡迎的隊伍裡，沒有人發現真相。實際上這個經理當時不是四季飯店的客人，但那個接待員這樣回答了他：「也許有一天你會成為我們的客人。」結果大家可能都猜到了，不久，這位經理就將一個國際性的商務會議「拿」到了四季飯店。

還有一次，在一位客人乘計程車走後，看門人注意到客人的箱子丟在了路邊。隨後他立即檢查了箱子，在找到客人公司的電話號碼後立即打了電話給這位客人的秘書，告訴她發生的事情。

在得知箱子裡文件的重要性後，看門人立即跳上車直奔機場，後因交通擁擠而沒有趕上，也許這個看門人做到這兒已應該得到讚賞，畢竟他努力了。可是還不僅如此，他買與客人同目的地的下一班機票，看到這我想大多數人都要驚呼了！在大多數公司裡，對此一般會有兩種情況發生：看門人被當做了英雄，為顧客解決了難題；或者會被解雇，在乘飛機去波士頓之前沒有得到准許。但在四季飯店，看門人既不是英雄，也不是代罪羔羊，因為特殊服務本身就是全天工作的全部，每位四季飯店的員工都應當為客人提供無條件的、令人難忘的服務。

四季飯店無疑是成功的，我們可以想一下在許多人計算飛機票多少錢的時候，四季飯店的那個看門人已經在飛機上了，這就是差距。其實，許多服務員也會想到那樣去做，但許多企業沒有建立起那樣的制度和環境，更沒有一種宣導「敢冒風險」的企業文化。一個企業，就應該鼓勵員工千方百計地為顧客服務。

5 一個勇於拒絕季辛吉的酒吧

一個不足三十平方公尺，僅有一個櫃檯、五張桌子的小酒店，被美國《新聞週刊》雜誌，選入世界最佳酒吧前十五名，消息傳出舉眾譁然。為什麼呢？因為它為我們演繹了怎麼真正的做到「顧客是上帝」。這個酒吧就是「芬克斯」酒吧，他的老闆是羅斯．恰爾斯，一個猶太人。

一次，美國國務卿季辛吉來到這裡，突然想到這個酒吧消遣消遣。他親自打電話，稱他和十個隨從將一起到貴店，希望到時拒絕其他顧客。像這樣一位顯赫的美國要人光顧小店，是一般老闆求之不得的事。不料，羅斯．恰爾斯客氣地說：「您能光顧本店，我感到莫大的榮幸，但因此謝絕其他客人，是我做不到的。他們都是老熟客，是曾支持過這個店的人，因為您的來臨拒他們於門外，我無論如何做不到。」季辛吉只得掛了電話，這就是芬克斯酒吧的風格。

6 全心全意為顧客服務——世上最大的網路書店

1994年，三十歲的傑夫．貝佐斯做出一個艱難的選擇，他放棄了自己當時的華爾街一個大公司副總裁的身分，進軍圖書市場，儘管當時他對出版業一竅不通。他首先做了大量的市場分析，決定要做世界上最大的網路書店，雖然這需要大量的資金，但經過他的努力，亞馬遜網路書店還是在1995年7月正式開張了。

儘管當時圖書市場尚有空位，但美國原來最大的兩個書店邦諾和博多斯書店的實力還是不容忽視，要想成功也不容易，躊躇滿志的貝佐斯立即制訂了針對顧客服務的經營戰略：要有最多的種類選擇，要有最實惠的價格，要有最便利的服務方式，還要有最快的服務速度。貝佐斯的戰略處處落到了讀者看得見的地方。亞馬遜網路書店一開業，提供的圖書目錄就有一百一十萬種之多，而美國最大的圖書連鎖書店邦諾只有十七萬種。而且每種商品上都標有「定價」、「非本公司特價」以及「您會省下多少錢」這樣的字句。網上還有「貨比三家」的服務，只要讀者點擊一下，就能看到所選擇的書目在其他書店的價格，亞馬遜網路書店每銷售一本書的利潤為2％，而當時的邦諾書店為30％。這些方面經過廣泛宣傳，點擊亞馬遜網路書店的人越來越多。而且為方便顧客著想，在網頁製作上他們也大費周章，人們只要點擊亞馬遜書店的網頁，就可看到最新的圖書目錄，再點擊一下感興趣的書名，該書的精彩摘要就呈現在眼前。讀者選擇好書，只要輸入自己的帳號、密碼、住址，三秒後，想要的書就買下了。也許當天，最遲不超過兩天書就會送到手上。而且只要在亞馬遜書店買過一次書，再去買書時，亞馬遜就會自動根據第一次的購書經歷，分析出這個人可能喜歡的書籍屬於哪一種類，而提出推薦購書目。

亞馬遜不但提供最快的服務，還提供最好的服務。1998年12月，貝佐斯宣布讓出一部分網頁空間，讓出版商做新書促銷廣告。互相利用網頁空間做廣告這是網路上常見的事，可是貝佐斯的舉動，卻引來顧客的強烈不滿，各種電子郵件帶著顧客的不滿和批評，急風驟雨般地飛來。貝佐斯第二天立即宣布改正。

亞馬遜做的還不只如此，考慮到網上購書，因為可以知道的資訊有限，所買非所要的情況時有發生，公司制訂了「所有新書不滿意則退款」的政策。貝佐斯向顧客保證：「不管書籍是否被損壞了，甚至是個別讀者故意撕破幾頁，或者你覺得內容不滿意，都可以獲得全額退款。」

這種獨一無二的決策，這種獨一無二的做法，只有貝佐斯先說了，也做到了。如今貝佐斯的亞馬遜網路書店，擁有顧客已達一千四百多萬人，亞馬遜網路書店的市值，達到了三百億美元，遠遠地超過美國原來最大的兩個書店邦諾和博多斯書店的市值總和。

分析一下貝佐斯在管理上的成功，應該說沒有什麼讓人看不懂的東西。他所應用的技術仍然是傳統的：服務顧客。但有一點應該清楚：亞馬遜做的更快、更新、更周到、更細緻也就是更好。都說「服務是金」，但「金」不是貼在牆上的口號，而是腳踏實地去做。貝佐斯的成功再一次證明，不論是什麼企業，生存的唯一規則：全心全意為顧客服務。

第8篇

在繁榮背後

1 災難發生後

企業在經營的過程中，難免會出現問題，怎麼才能化險為夷呢？波音公司可能給了我們一個不錯的答案。

1974年，在歐洲上空一架飛機有一個零件發生了爆炸，在駕駛員的努力下雖然人員沒有傷亡，但製造這架飛機的波音公司還是立即成了眾矢之的。做為飛機製造商，安全是首要的，發生了這麼大的事情，對波音來說可以是毀滅性的。沒錯，就常理來看，這是一次影響聲譽的空難事故，波音應該緘默不語，讓人們慢慢忘記。可是，波音公司卻一反常規，他們馬上召開新聞發佈會，對這次事故如此解釋：空難事故主要因為飛機太舊，金屬疲乏所致。由於飛機飛了二十年，起落九萬次，大大超過了保險係數，但在爆炸掀開六公尺的大洞後，飛機仍能相當安全地降落，乘客無一傷亡，這從反面證明了波音公司的飛機品質絕對可靠。另外，波音公司也立即向在危機中受到驚嚇的乘客表示了慰問。

結果令許多預測波音公司會在這次空難中遭受重創的專家跌破眼鏡的是，波音公司的新聞發佈會之後，訂貨猛增，單是5月分，國際租賃金融集團向該公司訂購了一百架波音七三七飛機，美國航空公司訂購五十架雙引擎的波音七五七飛機，聯合航空公司訂購三十架波音七五七飛機。該公司5月分訂貨量是一季度的近兩倍，達到七十億美元。

所謂人有旦夕禍福，天有不測風雲，在市場中，企業難免遇到不利情形。一般而言，企業面對不利情形，往往有兩種態度：一種是知錯就改，積極採取一切措施挽救影響；一種是消極抵賴，矇混過關，最後引起民怨。前者是正確的公關方式，有助於快速地化解矛盾，解決問題，並有可能將壞事變成好事，企業在突變中反敗為勝。在有利的情況下，考慮到不利的一面，事情才可以順利進行；在不利的情況下，考慮到有利的一面，禍難也可迎刃而解。從波音公司的事故處理中，可以看到企業完全可以透過「危機管理」，將壞事變成好事，不僅化險為夷，還可以變被動為主動。

2 不進則退——派克的隕落

自派克金筆問世，它就在製筆業創造了一個又一個輝煌，在二十世紀的二〇年代，派克製筆公司高居美國製筆行業的榜首；到了1954年，派克製筆公司在十四個國家設有子公司，世界上有一百二十家經銷店和專營經銷商經營派克金筆。它年產五百萬支金筆，筆芯三千兩百萬支，墨水三十萬噸，擁有六千八百名員工，是當時世界上最大的高檔金筆生產企業。但從1980年起，派克製筆公司連續五年虧損，到1985年虧損額達五百萬美元。1986年2月，派克製筆公司不得不被英國一家公司以一億美元的價格收買。它的停滯告訴了我們，在商業界不進則退的道理，有時在繁榮的背後，可能已危機四伏。

事情還得從上個世紀六、七〇年代說起。當時，派克製筆公司

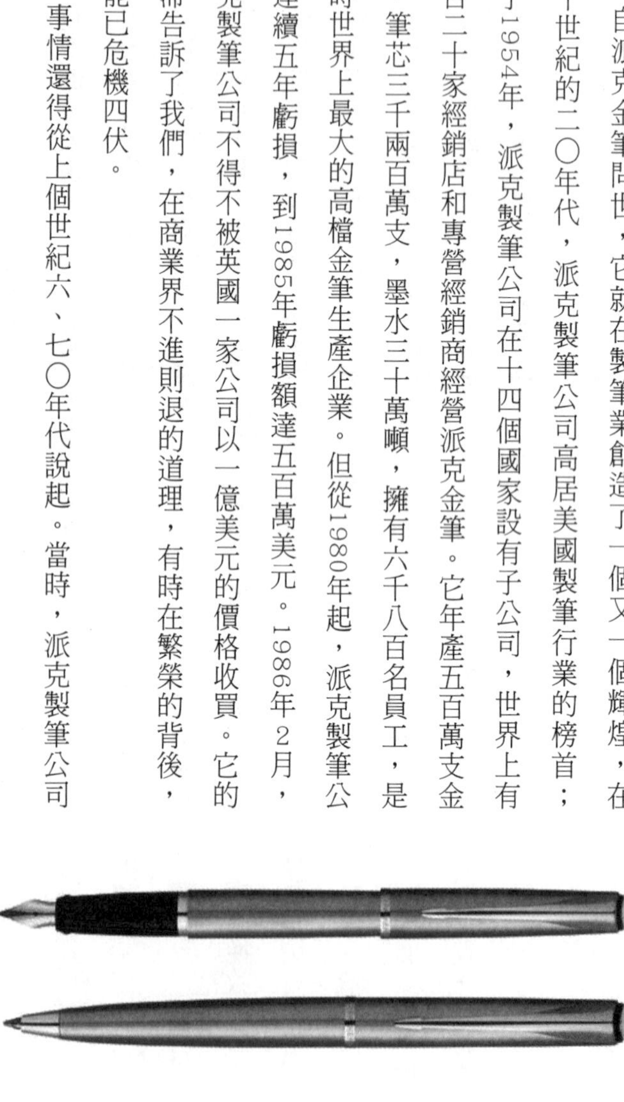

的許多競爭對手，針對美國市場發生的變化，紛紛調整生產策略，轉而生產書法筆和價值昂貴的高檔筆。同時還利用生產廠商在美國市場的代理商，向美國市場推銷其產品，發展氣勢咄咄逼人。面對危機，而派克製筆公司不屑一顧，還在墨水瓶裡描繪著遼闊的藍天。因為當時美元疲軟，匯率下降，派克金筆在國外享有很高的聲譽，每年外銷量佔總銷量的70％強。這種繁榮的景象沖昏了派克製筆公司決策者的頭腦，他們對國內市場的岌岌可危無動於衷，麻木不仁。看著許多人上衣口袋裡別著的已經不是派克，簽字時亮出的也不是派克的時候，自我感覺依然良好。與此對應的是，公司財務管理鬆懈，投資目標不明，日常花費甚巨，僅製筆公司的總部大樓，年花費竟達一億八千萬美元。到了八〇年代初，美元升值了，派克製筆公司的王牌頓時萎地。派克出口嚴重下降，公司利潤隨之銳減，原先被粉飾的弊端暴露無遺……就這樣，用舉債代替了過去的輝煌。

謠言能毀掉一個活生生的人，也能讓一個健康的企業危在旦夕，恐怕在墨爾本銀行門口排起了提款的長隊的時候，墨爾本銀行管理者才清楚地知道了它的意義。

墨爾本銀行是由一家從事建築業的企業轉變成為銀行的，當它做為銀行上市的第一年年底，就有謠言傳開了：該銀行陷入資金短缺的危險。這期間，銀行沒有正面予以解釋，他們相信謠言總會過去的，可是事實並非如此，因為謠言的時間太長了，儲戶們在心神不定之際出於安全的考量，紛紛撤資。投資人則遵從股票經紀人的忠告，拋售他們的股票，墨爾本銀行的股價迅速跌了十五個百分點。很快地，提款人就在墨爾本銀行前面排起了隊伍。

這樣的情況對一個銀行來說幾乎是致命的，墨爾本銀行沒有慌張，它一方面調動資金滿足客戶的要求，另一方面董事長兼首席執行長克裡斯多夫·斯圖爾特立刻組織人員出刊日常簡報，向儲備銀行的官員們呈送報告，做出顯示銀行運作的良好狀況。接著斯圖爾特又組織人在公告欄上面登文，告訴員工，墨爾本銀行在澳大利亞評比中獲得A級的評價，銀行擁有強大的資源保障能力和很高的資本比率。同時向澳大利亞中央銀行通報了謠言的基本情況，得到了上級的支持，中央儲備銀行與墨爾本銀行聯合發表公告，稱該銀行財務狀況良好。在雙管齊下的策略下，一週之後，墨爾本銀行恢復了正常。

所以危機到來時，一定要沉著應對，墨爾本銀行的策略就值得借鏡，在事件一開始就透過簡報定期向儲備銀行彙報，產生了實際有效的支持，得到了「上面」的信任。另一方面採取兩個非常必要的方案。一、以積極正確的態度滿足最大的提款需求；二、穩定員工，進而穩定儲戶。積極正確的策略包括銀行向用戶保證其企業的穩定性，同時愉快地幫助儲戶得到他們想要的，即使提出的是他的全部儲蓄，以此來迅速消除繼之而來的抱怨和對其財務狀況的質疑。積極教育員工，尤其是前臺櫃組工作人員，必須保證和愉快地幫助儲戶們提款，這實際上是阻止提款的最有效的方法之一。墨爾本銀行讓直接面對儲戶的櫃組人員，以沉著鎮定來證明其財政狀況，使財務危機能比較快的消除。

4 危機處理——最大贏家

1982年9月29日到10月1日，美國芝加哥地區有七人由於吃了含氰化污染物的泰爾諾膠囊而死於非命，經媒體報導後，僅僅三天時間，生產泰爾諾的美國強生公司的銷售額直線下降了87%。

公眾恐懼地把每個可疑死亡事件都認為是氰化物毒殺（共計兩百五十起可疑之死及傷病），報導的影響和可疑的死亡，導致強生公司的股票市場價值下降了20%（約為十九億美元）。

儘管這實際上是包裝上出的問題，但強生公司還是馬上採取行動：全部收回了試驗樣本，回收銷毀了三千一百萬瓶泰爾諾膠囊。一個「危機七人管理小組」每天在首席執行長辦公室內集合兩次，「六十分鐘」的應急小組拍攝下了在戰略會議上這個團隊的整個過程，首席執行長本人也在國家主要的電視臺上露面解釋道歉。

在此過程中，強生公司做了兩千五百多家媒體諮詢和十二萬五千份相關主題的剪報，檢驗了大約八百萬個膠囊，僅發現七十五個含有氰化物。強生公司還核對總計銷毀了兩千兩百萬瓶泰爾諾，其成本超過一億美元。最後，強生公司又花了三億多美元，來推銷其重新包裝的「三層密封抗損壞」膠囊。在五個月內，強生公司恢復了危機前的70％的市場佔有率。

但沒有想到，1986年冬天，紐約市的一位婦女也因服了這種含氰化污染物的膠囊而身亡。強生公司當局立即決定，對其貨架上出售的所有藥品不再使用膠囊包裝，而採用塑膠封裝的片劑形式。雖然這樣做的成本是很高的，大約耗費了一億五千萬美元用於回收膠囊、重新組織生產過程以及新包裝藥片的促銷。

企業常有一些不可預料的突發事情發生，當企業沒有危機計畫時，對顧客和公眾的關懷是危機管理成功的關鍵。強生公司在沒有完整的危機管理計畫的不利情況下，還能制勝的關鍵，在於強生公司的迅速反應，在產品失敗或產品污染情況下，管理層做出了兩個最具影響的危機管理步驟：1、回收了所有產品（零地區策略）；2、保證了迅速通知所有潛在的消費者。這些行動含有損失，但覆蓋了此次危機最差的惡果。透過零地區策略（從所有地區運走所有相關產品）和大量的溝通努力（警告可能的產品污染），強生阻止了問題的進一步升級。

在接下來的工作裡，他們針對泰爾諾膠囊含有有毒物質，而設計了不污染的產品包裝。將膠囊包裝變為固體或頂上加蓋的包裝。透過尋找機會，提高了公司的良好形象。強生公司在處理危機中無疑是一個贏家，其成功可以歸納出五個主要因素：保持交流管道的暢通；採取果斷、正確的措施；守信於產品；不惜成本維護其公眾形象；放開手腳重塑品牌。

5 危機意識，未雨綢繆

1938年，三星商會成立，從事貿易和釀造業，憑藉公司制訂的三星精神：品質第一，事事第一，利潤第一。在朝鮮停戰之後，三星商會得到了很大的發展，到1987年李健熙子承父業當上了三星總裁時，公司已初具規模。李健熙在就職宣言中就提出「三星一定要成為世界超一流的企業」的目標，在穩定地度過了五年，完成了新舊交替後，他開始為自己的諾言付諸實踐了。當時的三星表面看起來非常的繁華，公司銷售額達到五百一十三億美元，居世界最大工業公司的第十四位；利潤額5.2億美元，資產額505.9億美元，是韓國經營種類最龐大、海外經營最具實力的大工業公司，還擁有韓國所有銀行幾乎一半的股權，應該說是一個很好的發展態勢。可是李健熙並不這麼樂觀，他在美國一支高爾夫球桿的價格超過三星十三吋彩色電視的價格面前，意識到了危機，也使三星人切實地認識到了其電子產品在世界上所處的位置。

三星公司開始進行大幅度的變革，公司裡任人唯賢，每年都有近百名懷揣MBA背景的年輕人被提拔為高級主管。鼓勵創新，尊重員工個性，讓有才能的員工感受到快樂的工作。李健熙還模仿先進國家經驗，大力將公司建成網路化、扁平式企業，實現內部管理的科學化。在三星公司，決策和實施過程公開、透明，各種資訊由下而上，透過網路廣泛傳遞，管理層和被管理層積極參與，最基層員工都可以直接透過電子郵件向總裁提建議。當時的三星公司被稱為「最不像韓國企業的企業」。後來亞洲金融危機襲來，三星公司一開始也陷入了混亂之中，但經過前段的訓練，企業和員工適應能力顯然強於韓國其他企業。譬如在裁員問題上，三星公司幾乎沒有碰到任何阻力，很多員工都平靜地接受了被裁減的事實。1997至1999年的兩年時間裡，三星公司兩百三十一個企業進行了產權調整，多達一萬五千名員工變更了隸屬關係，員工總數減少了32％，從1997年的十六萬七千人減少到1999年的十一萬三千人。裁員問題上的風平浪靜，讓李健熙更加應對有方，金融危機一發生，他指揮三星公司大量出售存貨，積極回收應收帳款，甚至不惜變賣了十九億美元的資產，放棄了無線傳呼機、洗碗機等十六個利潤過低的產品，資產結構明顯改善，三星公司實現了最初的解凍。

這個時候，李健熙更顯大家風範。在危機中沒有迴避危機，而是在危機中對三星公司的產業結構進行大刀闊斧的調整，大做「減法」，將原來的六十五個公司減少到四十個，著重發展四個核心領域中的三個：電子、金融和貿易，其他業務全部被清理。1999年，三星公司毅然將汽車項目出售給雷諾公司，僅此一項就損失幾十億美元。這在韓國引起不小的轟動，三星公司這種「壯士斷腕」的舉動，充分表明了其專注於核心產業發展的決心。金融危機前，韓國大集團的排名次序：現代第一，三星第二，大宇第三，LG第四。現在，四大集團發生明顯分化，三星公司扶搖直上，成為韓國金融復甦和經濟振興的典範，而有的企業卻負債累累，資不抵債。

透過三星的例子，我們可以看出：企業越是順利，企業家越要能在這個「平靜」的表層下面看到問題。就像中國的一個企業家任正非在《華為的冬天》裡說的：「華為經過的太平時間太長了，在和平時期升的官太多了，這也許會構成我們的災難。鐵達尼號也是在一片歡呼聲中出海。」

這可以說是對大多數中國的民營企業都適用的經典論斷，對危機意識的灌輸，除了要有針對性，還要掌握好時機。李健熙早就預感到危機就在眼前，所以他帶領三星公司儲備了過冬的食糧和棉襖。因此，三星公司才能顯現出當金融危機襲來之時的鎮定，應該說是他們未雨綢繆的結果。

一個企業家還要勇於比較，李健熙拿「美國一支好的高爾夫球桿賣五百美元，而三星二十七英吋的彩色電視才賣四百美元」這個殘酷的現實，讓員工們照鏡子，發現自身不足，認識到三星公司的核心競爭力的「軟弱」。

與三星相反的是大宇，在經濟危機中他過早的隕落了。1967年3月22日，大宇實業公司正式掛牌開張，創始人金宇中是個非常有膽識的人，公司開業不久，他就抓住二十世紀六〇年代後期韓國政府大力推行外向型經濟戰略而實施優惠的外貿政策的機會，積極向外擴張，大宇公司迅速打開了局面。金宇中勇於冒險，他認為不冒險，就不會有機會。為了讓大宇盡快地大起來，他實施了「大膽收購破產企業」的戰略，到了二十世紀八〇年代初，被他收購的企業多達上百家，家家賺錢。在這些戰略的實施下，大宇的年銷售額超過了五十多億美元，躋身韓國企業集團的五強。在韓國創造了一個大宇神話，但危機往往潛伏在繁榮之後。

在公司擴大見了利潤之後，金宇中沒有分析形勢而是繼續狂熱地擴張，1993年他宣布「世界經營」時，大宇擁有的海外法人不過一百五十個，而到1999年底竟然達到六百多個，幾乎是每五天新增一個企業。有人戲稱他的「世界經營」就是「濫鋪攤子」，他根本聽不進去。大宇是韓國典型的財閥集團、家族企業，在企業治理上是明顯的個人決策，個人控制企業命脈，根本談不上現代治理結構。金宇中的勤奮是業界所共知的，事必躬親是他經營中的一大特點。從創業時期的布料貿易到後來「世界經營」期的海外工廠布建，他自始至終都親力親為，以致於到二十世紀九〇年代他每年有近2/3的時間飛行於世界各地。這種作風在創業初期，確實起到了提高決策效率、鼓舞員工士氣的作用，但在企業經營多樣化出現，經濟全球化速度加快的情況下，僅憑個人的智慧和決斷是很難應付的。遺憾的是金宇中沒有看到其中的危機，甚至在大家的反對聲中，他開始變得武斷自負，獨斷獨行。

1997年，金宇中準備在烏克蘭建立汽車工廠，遭到公司經營團隊的一致反對，但他一意孤行，投資了兩億美元，結果由於需求不足徹底失敗，該廠迄今也沒有啟動。為了製造經營假象以獲取當地貸款，金宇中甚至不惜將國內生產的整車運到烏克蘭邊境，解體後再到當地工廠重新組裝，給公司帶來了巨大的損失。1997年金融危機以後，韓國的大財閥基本上都收縮戰線，進行內部調整，可是金宇中仍然固守陳規，進行借債經營，視擴張為唯一真理。1998年初，韓國政府提出「五大企業集團進行自律結構調整」方針後，其他集團都把結構調整的重點放在改善財務結構方面，努力減輕債務負擔。而大宇卻繼續發行大量債券，更在嚴峻的財務形勢下，錯誤判斷形勢，認為自身規模龐大，政府不會棄之不管，於是不顧鉅額債務纏身，視債權銀行警告於不顧，再次擴張，接收三星汽車，最終因負債累累，風光不在。

金宇中的失誤是企業經營失敗的典型案例。它告訴我們很多道理：一、企業經營，要靠市場，而不是靠政府。企業不可以把自己的命脈與政府捆綁在一起。如果大宇能對政府少一些幻想的話，可能也不至於一敗塗地。二、企業從事多元化經營，不可以盲目樂觀，一定要根據自身實力，最重要的是管理能力，大宇的盲目擴張，以為大就好，結果只能圈住自己。三、企業無論什麼時候，都要依法經營，不可以鑽法律漏洞，企業要腳踏實地。四、企業家要明白人的精力、能力等等，都是有限的，不可以大權在握，要學會分權、授權，否則就是把自己累死了，也是吃力不討好。

6 溝通的重要性——一個本不該發生的悲劇

1990年1月25日晚，一架從日本返回的航班飛行到了南紐澤西海岸上空，按正常情況半個小時後，它將在紐約甘迺迪機場降落，飛機上坐滿了來自四面八方的旅客，他們正熱烈的討論著。這時候機長突然接到甘迺迪機場管理人員通知，由於機場發生了嚴重的交通問題，他們必須在機場上空盤旋待命。而這時候，他們機上的油量只可以維持大約兩個小時，飛行員非常著急，在等待了半個小時後，向地面發了危機報告，稱他們的燃料快用完了，可是地面的回應資訊他們卻一直沒有收到，不幸的事情發生了，一個小時後，這架飛機墜毀於長島，機上七十三名人員全部遇難。從發現危機到最後的墜毀，他們在空中等了差不多一個半小時，這本應是個可以避免的悲劇啊！

事後，安全檢查部門立即進行了調查，在調查人員觀察了飛機座中的磁帶並與當時的管理者交談之後，才發現導致這場悲劇的原因竟然是溝通的障礙。首先這架飛機的飛行員一直說他們「燃料不足」，可是交通管理員告訴調查者：「這是飛行員們經常使用的一句話。」他們不會因為這句話而判斷當時的情況危急，一位管理員指出：「如果飛行員表明情況十分危急，那麼所有的規則程序都可以不顧，我們會盡可能以最快速度引導其降落的。遺憾的是，這架的飛行員從未說過情況緊急。」所以，甘迺迪機場的管理員一直未能理解飛行員所面對的真正困境。

管理員同時指出當時飛行員傳遞出燃料不足的資訊時，他們的語調冷靜而又職業化，根本沒有傳遞出事情嚴重的資訊。可是又是什麼讓飛行員不願意聲明情況緊急呢？因為在實際生活中，如果飛行員正式報告緊急情況之後，他就需要寫出大量的書面彙報，另外，如果發現飛行員在計算飛行過程需要多少油量方面疏忽大意，聯邦飛行管理局就會吊銷其駕駛執照。這些消極強化物極大地阻礙了飛行員發出緊急呼救，更多情況下他願意賭一把。

不該發生的事情就這樣發生了，它的悲劇顯示良好的溝通對於任何組織都十分重要，小到一項措施的頒佈，大到戰略策略的調整，都必須形成從上至下的溝通管道。沒有溝通的計畫，無論其他措施怎麼完美，都只是藍圖而已。

7 走動管理——雷・克羅克的成功之路

雷・克羅克是麥當勞速食店創始人，他從一開始就不喜歡坐在辦公室辦公，大部分工作時間都用在「走動管理」上，即到所有各公司及部門走走、看看、聽聽、問問。他覺得這樣才能發現問題，畢竟真知出自於實踐。有一段時間，麥當勞由於經營的一些問題，面臨嚴重虧損的危機。克羅克用他的「走動管理」發現了一個重要原因，就是公司各職能部門的經理有嚴重的官僚主義，習慣躺在舒適的椅背上頤指氣使，把許多寶貴的時間耗費在抽菸和閒聊上。克羅克立即發佈命令：「將所有的經理的椅子靠背鋸掉。」不久，大家就紛紛走出了辦公室，深入基層，很快就發現了管理當中存在的許多問題，即時瞭解情況後，現場解決問題，終於使公司轉虧轉盈。

如果所有企業都能這樣做法的話，可能就不會有那麼多的企業陷入經營危機了。

第9篇

時刻都是在刀口下討生活

1 獨斷獨行——福特王朝的兩次毀滅之路

在美國汽車發展史上，福特家族的地位是毋庸置疑的，由他們創始的福特公司曾是世界最大的汽車製造廠，可是再偉大的人可能也會犯錯，家族式的管理體制最終將他們送上了衰退之路，也給我們留下了深深的思考。

亨利．福特在創業初期，非常有膽略，1903年，他就聘請了著名的汽車專家詹姆斯．庫茲恩斯出任總經理。庫茲恩斯沒有讓他失望，上任一開始就採取了三大戰略措施：一是進行市場預測，訂出了一輛汽車售價五百美元的奮鬥目標；二是透過實施汽車裝配「流水線」，提高生產率，降低生產成本；三是建立一個完善的銷售網。三項措施很快大見成效，從1906年到1908年，福特公司先後推出了「N」型和「T」型兩種物美價廉的汽車，風靡市場，暢銷全世界，亨利．福特進而摘取了「汽車大王」的桂冠。但勝利很快沖昏了亨利．福特的頭，他覺得詹姆斯．庫茲恩斯的存在，威脅了他在公司的地位，便果斷地趕走了他，實行個人獨裁。福特專橫跋扈、獨斷獨行，聽不進不同意見，也不願接受建設性的諮詢，這種家長式的領導作風，使全福特汽車公司的經營管理陷入了極度的混亂之中，任人唯親、妒賢嫉能的情況開始日盛一日。人才紛紛離去，在全公司擔任高級領導職務的五百名職員中，一名大學畢業生也沒有。企業的機器廠房均已陳舊，但無人過問；財務報表就像雜貨店的帳簿一樣陳舊落後。整個公司既無決策，又無預算，企業效益飛速下滑，1929年，福特汽車在美國汽車市場的佔有率降至31.3％，後來逐漸市跌至18.9％，到1945年，福特公司每月虧損九百萬美元，瀕臨破產。

在這樣的情況下，亨利．福特二世出現了，年輕的亨利很有抱負，他知道要挽救福特汽車公司，就必須進行一次徹底的改革。首先他三顧茅廬，請動了通用汽車公司原副總裁歐尼斯特．蒲里奇來公司主持大局，並果斷地錄用了曾在空軍做過有關規章制度管理工作的十名軍隊幹將，在這些人的幫助下，公司銳意改革，當年便轉虧為盈，爾後利潤逐年上升。1950年，利潤高達2.58億美元。歷經數年的不懈努力，福特汽車公司重新加速，在銷售額上成為美國第二家最大的公司，榮耀重返福特汽車公司。正當福特汽車公司在蒲里奇的領導下走向全面繁榮，並很有可能再次奪得「汽車大王」的桂冠時，福特二世又犯了他祖父當年的錯誤。在事業成功之後，他就趕走了蒲里奇，自己掌握了公司的全部權力，不管大事、小事，都他拍板就算，不與董事會商量，不徵求下屬的意見，甚至連個招呼也不打，事後更不做解釋。雖然期間他曾將以出色的才能和業績被廣為關注的人物李．艾科卡，推上了福特汽車公司總裁的寶座，但在稍後的時間裡就因艾科卡成就的卓越，在公司表現的突出，有超過他的趨勢，而將其掃地出門。他希望自己在公司有絕對的權威，福特二世的家長制管理，使公司的人才紛紛另覓新主，經營缺少生氣，汽車市場佔有率一年低於一年，1978年尚佔美國汽車市場的23.5%，解雇艾科卡之後，1980年到1982年僅三年時間，公司就虧損三十億美元，福特汽車公司又一次面臨破產的威脅。福特二世感到了山窮水盡，終於忍痛割愛，宣布辭去福特汽車公司董事長的職務，把掌管了三十五年之久的經營大權讓給一位福特家族以外的管理專家，這一舉動宣告了七十七年的福特王朝的結束。

其實，最初福特都是能採取正確做法，對人才也非常賞識。曾經有這樣一個故事：一天，福特汽車公司的一臺馬達發生故障，怎麼也修不好，只好請一個外面的人來修。這個人看了一會兒，指著機器的某處說：「這裡的線圈多了十六圈。」工人們把十六圈線去掉後，機器馬上運轉正常。福特對其技術的出眾感到非常吃驚，立即邀請那個人到自己的公司發展，在遭到拒絕後，他買下了那個人所在的公司。但他後期的巨大錯誤也是無可否認的，實際上反思一下，福特的錯誤是必然的，身為家族企業，他自己說了算，他的決定越是正確的話就越可怕，因為成功的累積會加重個人獨斷的籌碼，一旦在某個涉及企業生死存亡的關頭，他的個人行為偏離了正確的軌道，葬送的就是一個企業的前程，還有幾十年的苦心經營。

所以為了避免福特似的錯誤，現在的企業都在實行現代企業治理結構，由董事會集體決策，這是減少企業由於少數人掌控而導致危機的一個有力保證，但制度不是絕對的保險，還要保證制度發生效用。有人在分析許多卓越企業失敗的教訓時的一個原因，就是「功能失常的董事會」。並針對美國有史以來最大的破產企業安然進一步指出：在該公司通向倒閉的道路上，也許最無法解釋的就是董事會決定放棄安然的道德規範……董事會的特別調查委員會在一份報告中寫道：「董事會有義務密切關注後來的交易，卻未能做到這點。簡而言之，沒人在管事。」

事實上，不只安然，大多數公司的董事會都一味依賴於管理人員，難道那些歷史的教訓還不夠嗎？

2 今天的成功，不意味著明天也能成功

說起金．C．吉列可能很少人聽說過，可是提起「T」型刮鬍刀估計就無人不知了，「T」型刮鬍刀就是由吉列發明出來的。

應該說吉列是個非常精明的人，他在巴爾的摩瓶蓋公司做推銷員時，一個傢伙跟他說，如能發明一種「用完即扔」的產品，顧客反覆購買，肯定能發財，這句話給他留下了深刻的印象，後來，他因自己刮鬍鬚刮出血的經歷，決定發明一種新的刮鬍刀，後經過他的刻苦鑽研，終於發明了一種安全刮鬍刀，這種刀樣子像耙子一樣「T」型的架子把刀片夾在中間，架子兩邊的夾片和中間的刀片幾乎在一個平面上，這樣，即使粗心毛躁的人，也不會刮破臉。而且，中間的刀片可以拆卸、更換，用完即扔。發明之後，吉列很快籌到了資金，於1901年成立了「吉列安全刮鬍刀公司」。在公司成立之後，吉列顯出了其非凡的領導才能，首先他為產品申請了專利，其次他非常注意宣傳的作用，很快各大報刊上都登上了他的新刀的樣子，旁邊還有他的提示：「新刀片瞬間就可裝上。刮時不但不會傷到皮

膚，而且舒適無比。想想自己刮鬍子是何等的清潔、舒適與安全，而且又能擺脫上理髮店的麻煩。想想你節省的時間以及節省的錢。」

廣告登出後當天，他們就售出五十一個安全刀架和一百六十八片刀片，每副五美元（相當1982年的五十美元）。1904年，刀架的銷售量已達到九萬把，而刀片則達到了一千兩百四十萬片。有了資金，吉列展開了更大的廣告攻勢。他把自己的頭像做為吉列保險刮鬍刀的「徽標」，讓自己的形象吉列成為男人最為面熟的形象之一。為了擴大自己形象的社會影響，1907年，吉列在經營剛剛興旺發達不久，雇請了一位專家專門為其撰寫了《吉列的社會實踐》的專著和以經營總結與抒發志向為內容的《世界公司》，在社會上產生了極大的影響，到了1909年，吉列公司售出的刮鬍刀有兩百萬把，銷售數千萬美元。

1917年4月，第一次世界大戰已接近尾聲，美國向德國宣戰，並派兵進入歐洲戰場。吉列抓住機遇，以成本價格向軍需採購部門供應吉列安全刮鬍刀。於是，美國國防部便向每個士兵發一把吉列安全刮鬍刀，並先後發給幾十片吉列刀片，要求他們整肅自己的儀容，在歐洲大陸留下美好形象。吉列的這一策略，達到了「一刀四鵰」的效果：一是大批美國士兵，與吉列安全刮鬍刀結下了不解之緣，其中很多人成了吉列的終身顧客；二是美國士兵客觀上成了吉列安全刮鬍刀的歐洲市場的「義務宣傳員」；三是產量增大，全部產品的成本大大下降；四是以成本價向美國士兵出售產品這一舉動本身，受到美國各界的好評，造成了一次極好的提高知名度的宣傳攻勢。當年，吉列公司銷售的刮鬍刀便達到一百多萬把，售出刀片三億片。到1920年時，吉列公司的觸角已經伸到全球，大約兩千萬人都在使用「吉列」的刮鬍刀和刀片。

但在巨大的成功之後，吉列開始變得狂妄和自負。1921年，享利．蓋斯曼發明了新型改良式不易龜裂的雙面刮鬍刀片，他詢問吉列是否願意購買，可是自負的吉列根本不將其放在眼裡，最後蓋斯曼決定自己來，他的刀片很快在市場上出現，並針對吉列反擊而推出的Probak刮鬍刀與刀片進行了改良，在刀片品質上還超過了吉列。蓋斯曼的銷售額不斷增加，侵佔了吉列的市場佔有率。

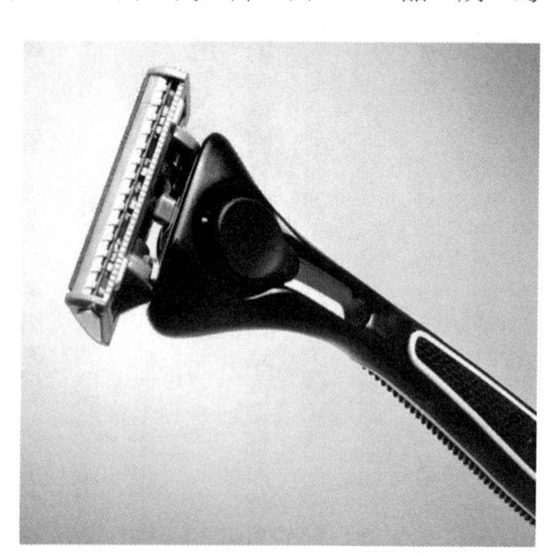

吉列的問題很快暴露出來，因為吉列在做早期的管理時，就將公司的成功歸功於廣告，他認為企業的成功完全是靠廣告上的宣傳侵略，所以1912年，吉列公司的廣告經費每年都維持在一個較高的數字。在蓋斯曼的攻擊之下，這些問題全部湧現出來，銷售每況愈下，公司的投資報酬率迅速惡化。由於吉列的管理費用太高，並且不管銷售額有多少，都一直固定不變。因此，當銷售額下降時，每一把刮鬍刀的利潤也跟著急速下降。因此到1930年末，當自負的吉列同意用自己的股票購進蓋斯曼公司，以免覆亡時，一切都已來不及了。有位審計員查核過吉列公司的帳簿之後，發現這家長期都享有高利潤的公司，已經到了瀕臨山窮水盡的地步。而且到這項併購正式生效時，「蓋斯曼」已經聚集了相當多的吉列公司的股票，已取得這家往昔的競爭對手的控制權。它的產品以及一套新的生產技術，取代了老吉列公司的產品和生產技術。吉列公司以前的管理班底被放逐。而吉列本人為清償債務，最終被迫放棄了所有持有的所有吉列公司的股票。

吉列公司走過了三十年輝煌的歷程，最後卻在一個一手創造和完全在自己控制之下的市場中，被一個小小的競爭者擊潰。這不得不引起我們深深的思考，企業在做大了之後，最大的問題就是麻木，而沒有看到麻木，也就成了最大的問題。吉列公司這個巨人也是被一個小孩子摺倒，這也說明，今天的成功，不意味著明天也能成功；而今天的矮小，更不能證明未來就長不大了。成長離衰亡只差一步，在市場上，驕傲就是為自己掘墳。不過錯誤犯了能積極改正就是好的，在吉列離開後，新的領導者奮發圖強，積極吸收過去的教訓，改變過去的單一經營，選擇了「避免把所有的雞蛋放入一個籃子裡」的經營策略。1954年，吉列自行開發出口紅，同一年，吉列實驗室又推出泡沫刮鬍膏。1957年，該公司推出名叫Hush的婦女用除臭劑、Adorn噴發劑，以及Thomxin止咳糖漿。到二十世紀七〇年代中期，吉列發展成為一家名副其實的多樣化跨國公司。二十世紀八〇年代以來，刮鬍刀和刀片的銷售額在吉列公司二十三億美元總營業額中，所佔比例還不到35%，實行了新的騰飛。

3 別裝老大，以免傷到自己

1837年，英格蘭的蠟燭製造商威廉．普羅克特和北愛爾蘭的肥皂製造商詹姆斯．甘布林在俄亥俄州辛辛那堤設立了一間只包括一間辦公室和後院的工廠，一個鑄鐵底面的木壺，用來把脂肪煉成油脂，這就是寶僑公司（P&G）的前身，這個廠建立後，能時時注意新產品的研發，去滿足人們的日常需要，且其制訂建立一種新產品，就立即向已經在經銷本公司其他產品的零售商進行推銷，並且利用大量的廣告來爭奪市場佔有率的行銷戰略非常有針對性，到五、六〇年代的時候，寶僑公司已具有非常大的規模了，在家用市場上成了名副其實的老大。成功之後的寶僑有了很多老資格公司都有的一個特點，就是看到有競爭對手就有那麼點「眼紅」，在這種情況下若不經過理智的思考，錯誤就很容易出現了。

二十世紀的六〇年代初，哈勒爾購進了稱為「配方四零九」的一種清潔噴液批發權。他努力在全國展開零售，因為噴液市場並不很大，以前沒有人發展，他的產品發展很快，到1967年，「配方四零九」已經佔有美國清潔劑產品市場的很大比例。這很快引起了「寶僑」的注意，1967年，「寶僑」開始試銷一種稱為「新奇」的清潔噴液，並在創造、命名、包裝和促銷「新奇」這項產品時，投入了大量資金，進行了耗費巨大的市場調研。他們的目的很明確，將對手扼殺在搖籃裡，他們相信「寶僑」可以輕而易舉地將哈勒爾打垮。「寶僑」一步一步展開行動了，它先在丹佛市進行了市場測驗，成效很好，「新奇」所向披靡，大獲全勝。很快「寶僑」開始發動全國推銷攻勢，並將其稱為「席捲攻勢」，因為攻勢是按地區逐步推進。這時丹佛市的行情卻發生了出乎意料的變化，「新奇」滯銷了，最後，寶僑公司只得從貨架上撤回了新產品。想知道為什麼會出現這樣的情況嗎？實際上這一切都是哈勒爾造成的，當他知道了「寶僑」的用心後，立即採取了對應的行動，他很巧妙地從被寶僑選為第一個測試市場的丹佛市場撤出「配方四零九」：他中止了一切廣告和促銷活動，當某一商店銷完「配方四零九」時，推銷員所面對的是無貨可補的局面。這些情形瞞過了精明的「寶僑」，讓他們在試銷過程中大獲全勝，進而大量生產，試圖打進全國市場。這時候，他採用了削價戰，把十六盎司裝的半磅裝的「配方四零九」，以半價0.48美元的優待零售價銷售，比一般零售價降低甚多，這樣可以使一般的清潔噴液的消費者一次購足大約半年的用量。當「新奇」真正上市的時候，銷量就可想而知了。利用這種巨大的反差，他打擊了「寶僑」高級主管的信心，消滅了自己的競爭者。

在沒有事先確知「新奇」是一項值得投資的產品之前，即在全國以大筆的廣告和促銷經費展開推銷攻勢，所冒的風險太大了。寶僑公司為什麼會這麼做呢？就是做慣了老大，想一棒子就把別人打死，最後反而傷到了自己。從寶僑公司身上，一些企業應該能夠拿到「風溼膏」最好的那一帖，上面寫著「別裝老大」。哈勒爾知道這種公司都很自信，而自信一旦過了，等於狂妄。企業的目中無人，代價就是麻木不仁，輕視別人，輕信自己，被眼前的種種虛假繁榮所矇蔽。寶僑就是這樣。結果其弱點讓哈勒爾利用，對其玩了一把聲東擊西的把戲，結果寶僑是疲於奔命，最後不得不草草收兵。

4 誠信：企業的安身立命之本

二十世紀五〇年代，阿拉伯石油的發掘引起世界的關注。人們以嫉妒和羨慕的目光望著大沙漠中湧出來的「黑色黃金」。五〇年代初，阿美石油公司捷足先登，在這片沙漠領地取得了石油開採專有權，任何覬覦者很難尋到一條縫隙。阿美石油公司是美國兩家巨頭石油公司埃索和德士古的子公司，在阿拉伯年產石油四千萬噸。阿美石油公司對沙烏地阿拉伯王國石油的壟斷開採權以合約形式明確固定下來：每採一噸石油，給王國相當數量的開採費，並用自己的油輪運往世界各地。阿美石油公司太強大了，幾乎沒有別的公司敢向他們提出挑戰。但在1954年1月，一則消息震撼了企業界：船王歐納西斯和沙烏地阿拉伯王國簽定了著名的「吉達協定」。協定規定，雙方共同組建「沙烏地阿拉伯海運有限公司」，成立五十萬噸的油船隊，掛沙烏地阿拉伯國旗，擁有沙烏地阿拉伯油田開採的石油運輸壟斷權。歐納西斯是怎麼做到的呢？我們先來看一下他的故事。

1922年，十六歲的歐納西斯兩手空空，跟隨小亞細亞難民潮流入希臘，開始從事菸草生意，幾年之後，成為一個擁有相當資產的企業家。1929年9月，世界性經濟危機降臨，西方經濟瞬間崩潰。巨大災難面前，歐納西斯機智過人，用最低廉的價格買下了加拿大一家公司的六艘船隻，從此奠定了一代船王的基礎。戰爭結束了，歐納西斯從炮火硝煙的餘味裡，嗅到了一個機會：經濟振興必將刺激能源需求，石油的大量消耗必然會使油船的運費猛漲。於是，他又投入鉅資，建立了總噸位巨大的油船隊，將油輪這棵搖錢樹緊緊握在手中。事實證明，他成功了。在看到阿拉伯石油的發展後，歐納西斯感到再次大發展的良機來了，生性狡黠又堅毅無比的希臘人，向阿拉伯揚起了風帆。面對強大的阿美石油公司，他毫不畏懼，而是堅信任何貌似強大的東西都有其虛弱的一面。1953年盛夏，歐納西斯乘坐豪華遊艇「克利斯蒂納」號抵達風光旖旎的吉達港，祕密地對沙特首都利雅德進行了「閃電式」的訪問，並向沙特國王提示，王國與阿美石油公司的協議裡沒有排斥王國要有自己的油船隊來運輸自己的石油，而這是一筆無法數清的鉅額財富。面對鉅額的財富，沙特國王雖然懼怕美國，最終還是接受了歐納西斯的提議，因此舉世震驚的「吉達協定」就這樣產生了，歐納西斯取得了前所未有的成功！

阿美石油公司從夢中驚醒，它豈肯拱手讓出就要到手的財富。於是，在阿拉伯石油開採史上，也就爆發了一場舉世矚目的運輸權爭奪戰。阿美石油公司首先聯合所有的力量向歐納西斯進攻。它向世界石油業敲響了警鐘：歐納西斯將會使他們失去一切。各大石油公司迅速聯合，其中包括伊拉克石油公司、伊朗石油公司等世界最大的石油企業。美國為了它在中東的石油權益，也透過政治外交等多種手段給「吉達協定」的雙方施加壓力。面對強大的聯合陣線的進攻，歐納西斯毫不畏懼。在進入阿拉伯王宮之初，他就清醒地估計到了將來面對的強大對手。這場商戰一直相持了好幾個月，無法分出勝負，雙方都調集了各自的全部力量，無以數計的人奔忙在阿拉伯與美國之間。歐納西斯非常有自信，他一定能取得這場商戰的最終勝利，實現石油大王和運輸大王兩個王冠的夢想。

然而他最終沒能笑到最後，有兩家報紙在同一天刊登了聳人聽聞的關於「吉達協議」的內幕：歐納西斯用重金收買和偽造文件的方法騙取了「吉達協議」。文中指名道姓地提到兩位沙烏地阿拉伯的部長，說他們接受了船王的鉅額佣金，為影響國王而竭盡全力。另外還揭露船王對另一位酋長也許以鉅額佣金，但卻是用換了過後會自動褪色的藥水簽名，以致於後來簽字消失，當事人無法索取這筆鉅款。這件事轟動了整個西方世界，沙烏地阿拉伯國王一下子陷入了被動的境地，所有的新聞輿論都朝著被「愚弄欺詐」的阿拉伯王宮。

年輕的沙特國王終於抵擋不住來自各方面的責難，將它稱為「欺騙和狡詐」的事件，「吉達協議」沒有發生任何實際效用便銷毀了，歐納西斯為此丟掉了十億美元。

也許有人將這件事情的失敗歸於運氣，歸於內幕的不幸洩露，但事實上，不可否認，「吉達協議」的失敗在於船王在協議過程中的「貓膩」，沒有誠信在競爭當中是什麼也得不到的。其實，歐納西斯已經找到了阿美石油公司的弱點：就是阿美石油公司用自己的船隊運輸沙烏地阿拉伯的石油，這等於佔了沙特人很大的便宜。沙特人自然不答應。但是，歐納西斯在操作過程中的不檢點，最後為別人所用，所以，歐納西斯是自食其果。

5 任人唯親——王安公司的悲劇

王安公司曾經是一個風光無限的公司，1956年，它向市場推出了首批桌面計算機；二十世紀七〇年代，他推出了文字處理機；二十世紀八〇年代，他又成功地推出了電腦，進入世界五百強。他最後的崩潰讓我們看到了：在企業管理中，以親情、血緣為基礎，等於在海灘上蓋大廈。

王安有兩個兒子，大兒子弗雷德，二兒子考特尼。溺愛孩子的他對公司董事成員不只一次這樣表示過：「我是公司的創始人，我要保證我對公司的完全控制權，使我的子女有機會證明他們具備經營公司的能力。」所以他們大學畢業後，先後到王安公司任職。王安的目的是想讓兩個兄弟團結合作，一步一步接受訓練，最後接過自己手中的權杖。

但事實並不如意，大兒子弗雷德沉溺於女色，他先是勾結自己的女秘書，在被弟弟發現後，他不但不思悔改，還對才華橫溢的弟弟心生嫉妒，百般陷害，最終逼走了考特尼。在弟弟走後，弗雷德更加放肆，他的種種行跡還被媒體披露，嚴重影響了公司的聲譽。王安是精明的，種種蛛絲馬跡足以使自己瞭解兒子的劣跡，並施以「重刑」，但老王安太想把締造的帝國交給兒子掌控了。他寧願相信自己對兒子的信心，而不願相信自己的眼睛和耳朵，以致最後他做出了錯誤的抉擇。1988年，王安任命弗雷德為公司總裁。第二年，王安公司的營業額減少了四千萬美元，支出卻增加了兩億美元，公司股票跌至六美元。1990年8月18日，王安公司不得不向法院提交了破產保護申請。

許多卓越企業的發祥地，都是家族血脈在浸染著。但企業一旦成為社會性公司，完全靠家庭成員的力量來維繫，就顯得比較脆弱了。親情，往往矇住人的雙眼，任人唯親有如近親結婚，結果只能是：不是優生。在這點上，GE公司做得非常成功。回顧其百年歷史，在瓊斯和威爾許的身上一點也找不到愛迪生的血緣。而在威爾許任期的董事會裡，GE「自己人」只有三位，董事長和兩位副董事長，其他全是公司外部人士，所有外部人士首先不是公司雇員，其次不是員工的親戚，而且還不是公司的股東，這些人做為企業的領導者，包括大學教授、校長、律師、前參議員，還包括其他公司的董事長等等，他們權力非常大，能決策、考核、任命高層領導班子，制訂工資、獎金發放標準，決定公司前途發展等等，很有權力，但卻都是公司外部人士。美國《商業週刊》做過一個關於董事會的調查，並評選出世界最好的幾家企業董事會。其中第一名是Campbell Soup公司，它是一家做湯的公司，它的董事會裡面只有兩個公司內部人士，一個CEO，一個是董事長，剩下十一個人全是外部人士，其中一個是外國人，這被《商業週刊》認為是全美國最好的董事會。GE被評為第二名；第三名是IBM，公司內部只有一個董事長兼CEO，剩下全是外部人士，也有日本人；接下來是微軟，它的董事會中只有比爾．蓋茲是公司內部的，其他都是金融界人士。試想一下，如果王安公司的董事會與GE一樣的人員構成，它的悲劇還會發生嗎？

1992年4月，歐洲迪士尼樂園在巴黎郊外開放了，它投資了四十四億美元，覆蓋了巴黎以東二十英里的五千英畝土地。配有六家飯店和五千兩百個房間。當時迪士尼人是這樣想的，迪士尼樂園在美國（2.5億人口）每年吸引遊客四千一百萬人，按照同樣的比例，歐洲迪士尼樂園每年的遊客數量應該達到六千萬人（歐洲人口為3.7億）。再有，歐洲人比美國人有更長的假期。比如，法國和德國雇員的假期一般來說是五個星期，而美國雇員的假期只有兩個或三個星期……迪士尼公司彷彿看到了滾滾而來的人潮。但事實卻沒有讓他們樂觀起來，樂園開放時正值歐洲嚴重的經濟衰退，遊客節儉得多，許多人自己帶餐盒，而且不住迪士尼飯店。一名來自法國南部的女遊客，在和丈夫、三個孩子遊玩了三天之後說：「那是一個無底洞。每當我們遊覽時，總有孩子吵著要買東西。」

當時迪士尼樂園的門票是42.25美元——比在美國的公園門票的價錢還高；迪士尼飯店一個房間一晚是三百四十美元，相當於巴黎最高檔的飯店的價錢，這些對他們來說太昂貴了。迪士尼公司開始意識到自己過於樂觀了。他們只是認為在美國佛羅里達的迪士尼世界的遊客們通常要住上四天，歐洲的人估計也不會少於這些天數。但事實是，歐洲迪士尼樂園只有佛羅里達迪士尼世界的1/3，遊客們最多也只能住兩天。許多遊客一大早來到公園，晚上在飯店住下，第二天早晨先結帳，再回到公園進行最後的探險。飯店的住房率很快下降到50％。

應該說，歐洲人很喜歡這個樂園。自它開放以來，每個月都吸引近一百萬遊客來觀光。遊客的惠顧，使它成為歐洲花費最大、最吸引人的遊樂園。但是大量節儉的歐洲遊客並沒有滿足迪士尼公司在經營和利潤上的目標，以及彌補他們日益膨脹的管理費用。迪士尼公司在經營和計算上的錯誤，大多由於文化的差異造成。在樂園內不准飲酒的規定，就引起了午餐和晚餐時都要喝酒的歐洲人的不滿（這項規定後來被取消了）。迪士尼公司認為，星期一比較輕鬆而星期五比較繁忙，因此也相對地安排了員工，但是情況卻恰恰相反。他們還發現遊客有高峰期和低峰期，高峰期的人數是低峰期人數的十倍。在低峰期減少員工的需求又違反了法國關於非彈性勞動時間的規定。在這樣的情況下，到1993年9月30日，樂園損失了9.6億美元，到1993年12月31日，累計損失已達到60.4億法國法郎，而且它還面臨著沉重的利息負擔。四十四億美元總投資中，僅有32％是權益性投資，有二十九億是從六十家貸款銀行借來的，並且貸款利率高達11％。因此企業負債沉重。

迪士尼樂園為什麼會失敗？從故事中我們可以看到，是與他們沒有注意兩國文化的差異有莫大的關係。美國管理學者羅伯特．Ｆ．哈特利就曾對歐洲迪士尼樂園所有的異想天開的夢想家們，進行了毫不客氣的批評：切忌自大，尤其是在一個陌生的環境中，面對不同的文化背景時，偉大的成功往往是暫時的，歐洲迪士尼樂園沒有意識到它應該改變觀念和陳舊的成功模式，成功容易使人驕傲，致使它的發展變得困難和冒險。另外，高度負債的情況也是十分危險的，歐洲迪士尼樂園過分依賴借來的資金和假設資產。如果收入和利潤沒有達到預期值，過度負債所引起的沉重的利息支出就會威脅到企業的生存。迪士尼的教訓還警告我們要謹慎地採取表面價格策略。歐洲迪士尼樂園具有採取表面價格策略的優勢，它處於壟斷地位，沒有強而有力的競爭者。它面臨著一條缺乏彈性的需求曲線，這表明遊客們不會顧及價格的高低，那麼為什麼不提高價格而使利潤最大化呢？迪士尼公司的不幸就在於此，精明的歐洲人以節儉抑制住了高價。這個故事也說明，實行表面價格策略的前提是顧客們願意並能夠支付較高的價格，而且沒有其他低價格的選擇。當顧客們不能夠或者不願意支付較高的價格並且能夠以較低的價格消費同樣的商品和服務時，這種策略就是失敗的，迪士尼樂園裡餐廳與旅館的失敗就在於此。

巧合的是，寶僑公司也曾遭遇了相同的問題。做為嬰兒尿布的龍頭業者，在將嬰兒尿布推出國門的時候，還遭遇了一次挫折。寶僑公司在二十世紀八〇年代準備把美國市場上最受歡迎的嬰兒尿布打進香港和德國的市場。這次的寶僑公司並沒有像往常一樣做一個「實地試銷售」，而是直接將商品投入市場。沒想到卻真的發現了問題：雖然只是一塊小小的尿布，但是香港和德國的市場卻出現了兩種不同的反應。香港地區的母親因為孩子一尿就換尿布，因而覺得寶僑的尿布過厚；而德國的母親一天只給孩子換兩塊尿布，所以覺得尿布過薄。一樣薄厚的尿布，不同國家的母親對此的反應也就有了不同的「厚薄」。所以做為管理者，要知道企業面對的永遠是不同的市場、不同的環境，必須對不同的地域風俗、人文特點進行不同的行銷企劃，經營才能成功。

國家圖書館出版品預行編目資料

當主管前，先學會這九件事／薛中衡編著
－－第一版－－台北市：字阿文化 出版；
紅螞蟻圖書發行，2010.3
面　　公分－－(人生 A+；3)
ISBN 978-957-659-760-2(平裝)

1.領導者 2.企業領導 3.組織管理 4.職場成功法

494.23　　　　99002590

人生 A+ 3

當主管前，先學會這九件事

編　　著／薛中衡
美術構成／ Chris' Office
校　　對／鍾佳穎、楊安妮、周英嬌
發 行 人／賴秀珍
榮譽總監／張錦基
總 編 輯／何南輝
出　　版／字阿文化出版有限公司
發　　行／紅螞蟻圖書有限公司
地　　址／台北市內湖區舊宗路二段121巷28號4F
網　　站／ www.e-redant.com
郵撥帳號／1604621-1　紅螞蟻圖書有限公司
電　　話／(02)2795-3656（代表號）
傳　　眞／(02)2795-4100
登 記 證／局版北市業字第1446號
港澳總經銷／和平圖書有限公司
地　　址／香港柴灣嘉業街12號百樂門大廈17F
電　　話／(852)2804-6687
法律顧問／許晏賓律師
印 刷 廠／鴻運彩色印刷有限公司
出版日期／2010年 3 月　第一版第一刷

定價 260 元　港幣 87 元

ISBN 978-957-659-760-2　　　Printed in Taiwan